西门子
S7-200 SMART PLC
实战精讲

徐斌山　李国晶◎编著

清华大学出版社

北京

内容简介

本书深入浅出地介绍西门子公司推出的S7-200 SMART PLC的基础知识、编程软件的使用及实战案例。全书分为10章,分别为S7-200 SMART PLC介绍、编程软件介绍、PLC简单实用程序分析,第4～10章7个实际工程案例(十字路口交通灯控制、空调新风控制、机械手控制、配料系统控制、本安火花实验台控制、吹灰程序控制系统和汽轮机危急跳闸系统)进行介绍,从PLC控制系统设计思路、软件编程讲起,最后通过程序调试,使读者熟悉并掌握S7-200 SMART PLC的硬件设计、软件编程与调试等。

本书可供初学者及工程技术人员使用,也可作为高等院校、高职高专相关专业的教材。

图书在版编目(CIP)数据

西门子S7-200 SMART PLC实战精讲 / 徐斌山,李国晶编著. —北京:清华大学出版社,2022.1
ISBN 978-7-302-58924-2

Ⅰ. ①西… Ⅱ. ①徐… ②李… Ⅲ. ①PLC技术—程序设计 Ⅳ. ①TM571.61

中国版本图书馆CIP数据核字(2021)第172634号

责任编辑:袁金敏
封面设计:杨玉兰
责任校对:徐俊伟
责任印制:曹婉颖

出版发行:清华大学出版社
   网 址:http://www.tup.com.cn, http://www.wqbook.com
   地 址:北京清华大学学研大厦A座 邮 编:100084
   社 总 机:010-62770175 邮 购:010-83470235
   投稿与读者服务:010-62776969, c-service@tup.tsinghua.edu.cn
   质量反馈:010-62772015, zhiliang@tup.tsinghua.edu.cn
印 装 者:大厂回族自治县彩虹印刷有限公司
经 销:全国新华书店
开 本:185mm×260mm 印 张:12.5 字 数:332千字
版 次:2022年1月第1版 印 次:2022年1月第1次印刷
定 价:49.80元

产品编号:091230-01

前言

随着计算机技术的发展，可编程序控制器（Programmable Logic Controller，PLC）作为通用的工业控制计算机，成为存储逻辑在工业应用的代表性成果。自从 1969 年第一台 PLC 研制成功并应用到汽车制造自动装配生产线上以来，PLC 不断更新换代。特别是近二十年来，PLC 技术发展迅速，功能日益强大，在生产过程中应用十分广泛，作为工业自动化技术的三大支柱之一在经济领域中发挥着越来越重要的作用。

德国西门子（SIEMENS）公司是欧洲最大的电子和电气设备制造商，生产的 SIMATIC PLC 在欧洲处于领先地位。其第一代 PLC 产品是 1975 年投放市场的 SIMATIC S3，40 多年来，SIMATIC PLC 从 S3 系列发展到 S7 系列，已经成为中国自动化用户最为信赖和熟知的品牌。

西门子生产的 PLC 在我国的应用相当广泛，如冶金、化工、印刷生产线等领域都有应用，其产品包括 S7-200、S7-300、S7-400、S7-1200/1500 等。

S7-200 SMART PLC 是一款近几年推出的小型 PLC，其设计紧凑、成本低廉，且具有功能强大的指令集。

S7-200 SMART 根据用户程序控制逻辑监视输入并更改输出状态，用户程序可以包含布尔运算、计数、定时、复杂数学运算以及与其他智能设备的通信。

本书深入浅出地介绍西门子公司推出的 S7-200 SMART PLC 的基础知识、编程软件的使用及实战案例。全书分为 10 章，分别为 S7-200 SMART PLC 介绍、编程软件介绍、PLC 简单实用程序分析、第 4～10 章 7 个实际工程案例（十字路口交通灯控制、空调新风控制、机械手控制、配料系统控制、本安火花实验台控制、吹灰程序控制系统和汽轮机危急跳闸系统）进行介绍，从 PLC 控制系统设计思路、软件编程讲起，最后通过程序调试，使读者熟悉并掌握 S7-200 SMART PLC 的硬件设计、软件编程与调试等。

本书由佳木斯大学徐斌山高级工程师主持，佳木斯大学李国晶、窦艳芳、肖雪和黑龙江省农业机械工程科学研究院佳木斯农业机械化研究所许才花共同编写。徐斌山编写了第 3 章和第 10 章，李国晶编写了第 1、5、7、9 章，窦艳芳编写了第 2 章和第 6 章，肖雪编写了第 4 章，许才花编写了第 8 章。参与本书编写工作的还有宋一兵、管殿柱、王献红、李文秋等老师，在此，对各位老师的辛勤劳动表示感谢。

因编者水平有限，书中难免有错漏及疏忽之处，恳请读者批评指正。

感谢您选择了本书，希望我们的努力对您的工作和学习有所帮助，也希望您把对本书的意见和建议告诉我们。

编者

2021 年 8 月

目录

| 第 1 章 |
S7-200 SMART PLC 介绍

随着计算机技术的发展，存储逻辑开始进入工业控制领域。可编程序控制器（Programmable Logic Controller，PLC）作为通用的工业控制计算机，是存储逻辑在工业应用的代表性成果。自从 1969 年第一台 PLC 研制成功并应用到汽车制造自动装配生产线上以来，PLC 不断更新换代。特别是近二十年来，可编程序控制器技术发展迅速，功能日益强大，在生产过程中应用十分广泛，作为工业自动化技术三大支柱之一在经济领域中发挥着越来越重要的作用。

S7-200 SMART PLC 结构紧凑、成本低廉且具有功能强大的指令集，使得其成为控制小型应用的完美设备。S7-200 SMART 产品多种多样且提供基于 Windows 的编程工具，用户可以借助它们灵活地解决各种自动化问题。

1.1 S7-200 SMART PLC 概述

PLC 是以传统顺序控制器为基础，综合了计算机技术、微电子技术、自动控制技术、数字技术和通信网络技术而形成的新型通用工业自动控制装置，是现代工业控制的重要支柱。本节主要介绍 PLC 的用途、特点、分类及性能指标。

1.1.1 PLC 的用途

最近十几年来，随着微处理芯片及有关元件的价格大幅度下降，PLC 的价格也随之下降，而功能却大大增强，能解决复杂的计算和通信问题，因而 PLC 的应用面越来越广。目前 PLC 在国内外已广泛应用于钢铁、采矿、水泥、石油、化工、电力、机械制造、汽车、装卸、造纸、纺织、环保和娱乐等行业。PLC 的应用范围通常可分成以下 5 类。

1. 顺序控制

顺序控制是 PLC 应用最广泛的领域，也是最适合 PLC 发挥特长的领域。PLC 顺序控制用来取代传统的继电器顺序控制。PLC 应用于单机控制、多级群控、生产自动线控制等场景，例如注塑机械、印刷机械、订书机械、包装机械、切纸机械、组合机床、磨床、装配生产线、电镀流水线及电梯控制等。

2. 运动控制

PLC 制造商目前已提供了步进电动机或伺服电动机的单轴或多轴位置控制模块。在多数情况下，PLC 把描述目标位置的数据发送给控制模块，其输出移动一轴或数轴以达到目标位置。每个轴移动时，位置控制模块保持适当的速度和加速度，确保运动平滑。相对来说，位置控制模块比计算机数字控制（Computer Number Control，CNC）装置体积更小，价格更低，速度更快，操作更方便。

3. 过程控制

PLC 还能监控大量的物理参数，例如温度、压力、流量、液位和速度等。比例-积分-微分（Proportion Integration Differentiation，PID）模块使 PLC 具有闭环控制的功能，即一个具有 PID 控制能力的 PLC 可用于过程控制。当过程控制中某个变量出现偏差时，PID 控制算法会计算出正确的控制量，把输出保持在设定值上。

4. 数据处理

在机械加工中，PLC 作为主要的控制和管理系统用于 CNC 系统中，可以完成大量的数据处理工作。

5. 通信网络

PLC 的通信包括主机与远程 I/O 之间的通信、多台 PLC 之间的通信、PLC 与其他智能控制设备（如计算机、变频器、数控装置等）之间的通信。PLC 与其他智能控制设备一起，可以组成"集中管理、分散控制"的分布式控制系统。

1.1.2 PLC 的特点

1. 可靠性高，抗干扰能力强

为了满足工业生产对控制设备安全性与可靠性的要求，PLC 采用了微电子技术，大量的开关动作是由无触点的半导体电路来完成的，在结构上充分考虑了工业生产环境下温度、湿度、粉尘、振动等方面的影响：在硬件上采用了隔离、滤波、屏蔽、接地等抗干扰措施；在软件上采用了故障诊断、数据保护等措施。这些技术使得 PLC 具有较高的抗干扰能力。目前各个厂家生产的 PLC，平均无故障时间都远超国际电工委员会（International Electrotechnical Commission，IEC）规定的 10 万小时，有的甚至达到了几十万小时。

2. 通用灵活

PLC 产品已经序列化生产，结构形式多种多样，在机型选择上有很大的余地。另外，PLC 及外围模块品种多，用户可以根据不同任务的要求，选择不同的组件灵活组合成具有不同硬件结构的控制装置。更重要的是，PLC 控制系统的主要功能是通过程序实现的，因此在需要改变设备的控制功能时，只需修改程序及少量的接线，工作量是很小的，而这是一般继电器控制系统很难做到的。

3. 编程简单方便

PLC 应用程序的编制非常方便。编程可采用与继电器接触器控制电路十分相似的梯形图语言，这种编程语言形象直观，容易掌握，即使没有计算机知识的人也很容易掌握。而顺序功能图（Sequential Function Chart，SFC）是一种结构块控制流程图，可使编程更加简单方便。

4. 功能完善，扩展能力强

PLC 的输入/输出系统功能完善，性能可靠，能够适应各种形式和性质的开关量和模拟量的输入/输出。PLC 的功能单元能方便地实现 D/A、A/D 转换以及 PID 运算，实现过程控制、数字控制等功能。它还可以和其他计算机系统、控制设备共同组成分布式或分散式控制系统，能够很好地满足各种控制的需要。

5. 设计、施工、调试的周期短，维护方便

继电器接触器控制系统中的中间继电器、时间继电器、计数器等电器元件，在 PLC 控制系统中是以"软元件"形式出现的，并且又用程序代替了硬接线，因此安装接线工作量少；工作人员也可提前根据具体的控制要求在 PLC 到货之前进行编程，大大地缩短了施工工期。

PLC 体积小、重量轻，便于安装。PLC 具有完善的自诊断及监视等功能，对于其内部的工作状态、通信状态、I/O 点状态、异常状态和电源状态都有显示。工作人员通过它可以查出故障原因，便于迅速处理。

由于 PLC 具有上述特点，使得 PLC 的应用范围极为广泛，可以说只要有工厂、有控制要求就会有 PLC 的应用。

1.1.3　PLC 的分类

PLC 是应现代化生产的需要而产生的，PLC 的分类也必然要符合现代化生产的需求。一般来说，可以从 3 个角度对 PLC 进行分类，即控制规模、控制性能、结构特点。

1. 按 PLC 的控制规模分类

PLC 按控制规模可以分为小型 PLC、中型 PLC 和大型 PLC。

1）小型 PLC

小型 PLC 一般指输入/输出点数（I/O 点数）小于 256 点、采用单 CPU（8 位或 16 位）、用户程序存储器的容量在 4KB 以下的 PLC，以开关量控制为主。由于受控制点数所限，其控制功能有一定的局限性。但是，小型 PLC 小巧、灵活，可以直接安装在电气控制柜内，很适合单机控制或小型系统的控制。德国西门子（SIEMENS）公司（以下简称西门子公司）的 S7-200 和 S7-1200 系列、日本三菱公司的 FX 系列等均属于小型 PLC。

2）中型 PLC

中型 PLC 一般指 I/O 点数为 256～2048 点、采用双 CPU 或多 CPU、用户程序存储器的容量为 2～8KB 或更大的 PLC，具有开关量和模拟量的控制功能以及更强的数字计算能力。由于中型 PLC 控制点数较多，控制功能很强，可用于对设备直接控制，还可以对多个下一级的 PLC 进行监控，适用于中型或大型控制系统的控制。西门子公司的 S7-300 系列、日本 OMRON 公司的 C200H 系列、日本三菱公司的 Q 系列的部分机型均属于中型 PLC。

3）大型 PLC

大型 PLC 一般指 I/O 点数大于 2048 点采用双 CPU 或多 CPU（16 位或 32 位）、用户程序存储器的容量为 8～16KB 或更大的 PLC。由于其控制点数多，控制功能很强，有很强的计算能力，运行速度很高，不仅能完成较复杂的算术运算，还能进行复杂的矩阵运算。大型 PLC 不仅可用于对设备直接控制，还可以对多个下一级的 PLC 进行监控，组成一个集散的生产过程控制系统。大型 PLC 适用于设备自动化过程、过程自动化控制和过程监控系统。西门子公司的 S7-400 系列、日本 OMRON 公司的 CVM1 和 CS1 系列、日本三菱公司的 Q 系列的部分机型均属于大型 PLC。

2. 按 PLC 的控制性能分类

PLC 按控制性能可以分为低档机、中档机和高档机。

1）低档机

这类 PLC 具有基本的控制功能和一般的运算能力，工作速度比较低，支持的输入和输出模块的数量和种类比较少。这类 PLC 只适合小规模的简单控制,在联网中一般适合作为从站使用。例如,西门子公司的 S7-200 系列就属于这一类。

2)中档机

这类 PLC 具有较强的控制功能和较强的运算能力,不仅能完成一般的逻辑运算,也能完成比较复杂的三角函数运算、指数运算和 PID 运算,工作速度比较快,支持的输入和输出模块的数量比较多,输入和输出模块的种类也比较多。这类 PLC 不仅能完成小规模的控制任务,也可以完成较大规模的控制任务,在联网中既可以作为从站使用,也可以作为主站使用。例如,西门子公司的 S7-300 系列就属于这一类。

3)高档机

这类 PLC 具有强大的控制功能和强大的运算能力,不仅能完成逻辑运算、三角函数运算、指数运算和 PID 运算,还能进行复杂的矩阵计算,工作速度很快,能够带动的输入和输出模块的数量很多,种类全面。这类 PLC 不仅能完成中等规模的控制任务,也可以完成规模很大的控制任务,在联网中一般作为主站使用。例如,西门子公司的 S7-400 系列就属于这一类。

3. 按 PLC 的结构分类

PLC 按结构可以分为整体式和组合式两类。

1)整体式

整体式结构的 PLC 把电源、CPU、存储器、I/O 系统紧凑地安装在一个标准机壳内,作为一个整体,构成 PLC 的基本单元。一个基本单元就是一台完整的 PLC,可以实现各种控制。控制点数不符合需要时,可再连接扩展单元,扩展单元不带 CPU。基本单元和若干扩展单元可组成较大的系统。整体式结构的优点是非常紧凑、体积小、成本低、安装方便,其缺点是输入与输出点数有限定的比例。小型 PLC 多为整体式结构。例如西门子公司的 S7-200 系列和日本三菱公司的 FX 系列 PLC 即为整体式结构。整体式 PLC 的组成如图 1-1 所示。

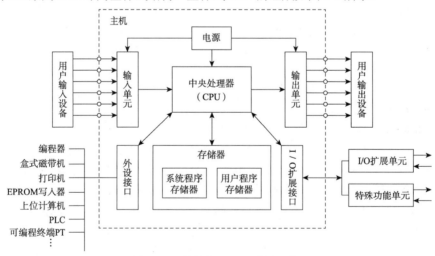

图 1-1　整体式 PLC 组成示意图

2)组合式

组合式结构的 PLC 是把 PLC 系统的各个组成部分按功能分成若干模块,如 CPU 模块、输入模块、输出模块、电源模块等,将这些模块插在框架或基板上即可组成一套完整的控制系统。虽然各模块功能比较单一,但模块的种类却日趋丰富。例如,一些 PLC 除了基本的 I/O 模块外,还有一些特殊功能模块，像温度检测模块、位置检测模块、PID 控制模块、通信模块等。组合式结构的 PLC 采用搭积木的方式，通过在一块基板上插上所需模块来组成系统。组合式结构的 PLC 特点是 CPU、输入、输出均为独立的模块，模块尺寸统一，安装简便，I/O 模块（按点数）选型自由，安装调试、扩展和维修方便。中型机和大型机多为组合式结构，例如，西门子公司的 S7-300 系列、S7-400 系列以及日本三菱公司的 Q 系列 PLC。组合式 PLC 的构成如图 1-2 所示，模块之间通过底板上的总线相互联系。CPU 与各扩展模块之间若通过电缆连接，距离一般不应超过 10m。

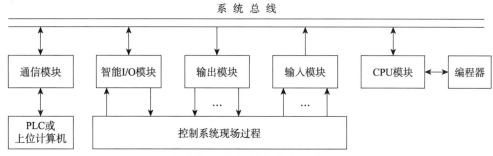

图 1-2　组合式 PLC 构成示意图

1.1.4　PLC 的技术指标

PLC 的技术指标包括硬件指标和软件指标。

1. 硬件指标

硬件指标包括一般指标、输入特性和输出特性。

一般指标主要体现在环境温度、环境湿度、抗振、抗冲击、抗噪声、抗干扰和耐压等性能上。

输入特性主要体现在输入电路的隔离程度、输入灵敏度、响应时间和所需电源等性能上。

输出特性主要体现在回路构成（这里指的是继电器输出、晶体管输出或晶闸管输出）、回路隔离、最大负载、最小负载、响应时间和外部电源等性能上。

2. 软件指标

软件指标主要包括程序容量、编程语言、通信功能、运行速度、指令类型、元件种类和数量等。

程序容量是指 PLC 的内存和外存的大小，一般从几千字节到几兆字节。存储器的类型一般为 RAM、EPROM 和 EEPROM。

编程语言是指 PLC 用来编制用户程序的语言。PLC 可以使用的编程语言很多，有梯形图、语句表、顺序功能图和功能块图等。每多一种编程语言都会使编制用户程序更快捷、更方便。

通信功能是指 PLC 是否具有通信能力以及具有何种通信能力。一般可分为远程 I/O 通信、计算机通信、点到点通信、高速总线、MAP 网等。当前，通信能力是衡量 PLC 性能的一项主要指标。

运行速度是指操作处理时间的长短，可以用基本指令执行时间来衡量，时间越短越好，一般在微秒级以下。指令的功能越强，说明 PLC 的性能越佳。

元件种类和数量的多少不仅反映了 PLC 的性能，也说明了 PLC 的规模。I/O 元件的数量说明了 PLC 的输入输出能力；I/O 元件的种类（直流、交流、模拟量、高速计数、定位、PID）多少，说明了 PLC 性能的高低。

3. 主要性能指标介绍

1）存储容量

这里的存储容量指用户程序存储器的容量。存储容量决定了 PLC 可以容纳的用户程序的大小，一般以字节为单位计算。每 1024 字节为 1KB。中、小型 PLC 的存储容量一般在 8KB 以下，大型 PLC 的存储容量可达到 256KB～2MB。也有的 PLC 用存放用户程序指令的条数来表示容量，一般中、小型的 PLC 存储指令的条数为 2000 条。

2）输入/输出（I/O）点数

I/O 点数指输入点数及输出点数之和。I/O 点数越多，外部可接入的输入器件和输出器件就越多，控制规模就越大，因此 I/O 点数是衡量 PLC 规模的指标。国际上流行将 I/O 总点数在 64 点及以下的 PLC 称为微型 PLC；64～256 点的称为小型 PLC；256～2048 点的称为中型 PLC；2048 点以上的称为大型 PLC。

3）扫描速度

扫描速度是指 PLC 执行程序的速度。一般以执行 1KB 所用的时间来衡量扫描速度。不同功能的指令执行速度差别较大，目前也有以布尔指令的执行速度来表征 PLC 工作的快慢。有些品牌的 PLC 在用户手册中给出执行各种指令所用的时间，可以通过比较各种 PLC 执行类似操作所用的时间来衡量 PLC 工作速度的快慢。

4）指令的功能和数量

指令功能的强弱及数量的多少体现了 PLC 能力的强弱。一般来说编程指令种类及条数越多，处理能力、控制能力就越强，用户程序的编制也就越容易。

5）内部元件的种类及数量

在编制程序时，需要用到大量的内部元件来存储变量、中间结果、定时计数信息、模块设置参数及各种标志位等。这类元件的种类及数量越多，表示 PLC 的信息处理能力越强。

6）智能单元的数量

为了完成一些特殊的控制任务，PLC 厂商都为自己的产品设计了专用的智能单元，如模拟量控制单元、定位控制单元、速度控制单元以及通信工作单元等。智能单元种类的多少和功能的强弱是衡量 PLC 产品水平高低的重要指标。

7）扩展能力

PLC 的扩展能力含 I/O 点数的扩展、存储容量的扩展、联网功能的扩展及各种模块的连接扩展等。绝大部分 PLC 可以用 I/O 扩展单元进行 I/O 点数的扩展；有的 PLC 可以使用各种功能模块进行扩展。但 PLC 的扩展功能总是有限制的。

在了解了 PLC 的各种指标后，就可以根据具体控制工程的要求，从众多 PLC 中选取合适的产品了。

1.2 S7-200 SMART PLC 的硬件

S7-200 SMART PLC 是西门子公司在 S7-200 的基础上发展起来的小型 PLC。它具有紧凑的设计、良好的扩展性、灵活的组态及功能强大的指令系统，提供了控制各种设备以满足自动化需要的灵活性和强大功能，可为各种控制应用提供完美的解决方案。本节主要介绍 S7-200 SMART PLC 的硬件结构、CPU 模块、信号板、信号模块及集成的 PROFINET 接口。

1.2.1　S7-200 SMART PLC 简介

S7-200 SMART PLC 主要由 CPU 模块、信号板、信号模块、通信扩展模块和编程软件组成，各种模块安装在标准 DIN 导轨上。

1. CPU 模块

S7-200 SMART PLC 的 CPU 模块（如图 1-3 所示）将微处理器、集成电源、输入电路和输出电路组合到一个结构紧凑的外壳中，形成功能强大的控制器。

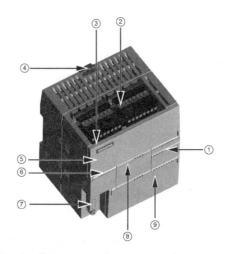

图 1-3　S7-200 SMART PLC 的 CPU

在图 1-3 中：

① I/O 的 LED：输入指示灯亮，表示有输入信号接入 PLC；输出指示灯亮，表示有输出信号驱动外部设备。

② 端子连接器：外部信号与 PLC 连接的接线端子。

③ 以太网通信端口：用于程序下载和设备组态。

④ 标准 DIN 导轨夹片：用来将 PLC 固定在导轨上。

⑤ 以太网状态 LED（保护盖下方）：LINK、RX/TX 灯指示以太网工作状态。

⑥ 状态 LED（RUN、STOP 和 ERROR）：RUN 指示灯亮表示 PLC 处于运行状态；STOP 指示灯亮表示 PLC 处于停止状态；ERROR 指示灯亮表示系统出现故障，PLC 停止工作。

⑦ RS485 通信端口：用于连接以 RS485 方式与 PLC 进行通信的设备的接口。

⑧ 可选信号板安装区（仅限标准型）：用于安装信号板或通信板。

⑨ 存储卡读卡器（保护盖下方，仅限标准型）：可以插入 Micro SD 卡，用于下载程序以及 PLC 固件版本的更新。

CPU 模块相当于 PLC 的大脑，能根据用户程序逻辑监视输入并更改输出。用户程序可以包含布尔运算、计数、定时、复杂数学运算以及与其他智能设备的通信。

2. 信号板

每块 CPU 模块内可以安装 1 块信号板（Signal Board，SB），安装后不会改变 CPU 模块的外形和体积。可以选择添加具有 1 路模拟量输入或输出的信号板、具有 2 路开关量输入/2 路开关量输出的信号板、提供 RS485/RS232 接口的通信扩展板或者用于实时时钟长期备份的电池板。

3. 信号模块

信号模块（SM）包括数字量输入模块、数字量输出模块、模拟量输入模块、模拟量输出模块。数字量输入模块、数字量输出模块合称为 I/O 模块或开关量模块 DI/DQ，模拟量输入模块、模拟量输出模块合称为 AI/AQ 模块。PLC 最多可扩展 6 个信号模块。

信号模块是 CPU 联系外部现场设备的桥梁。输入模块用来采集与接收各种输入信号，如接收从按钮、开关、继电器等传来的数字量输入信号和各种变送器提供的电压、电流信号，以及热电阻、热电偶等信号。

输出模块用来控制现场的各种控制设备，如接触器、继电器、电磁阀等数字量控制以及调节阀、变频器等模拟量控制。

CPU 模块内部工作电压一般是 DC 5V，为防止外部的尖峰电压和干扰噪声损害 CPU 模块，在信号模块中，常用光电隔离或继电器等器件隔离 PLC 内部电路与外部的输入、输出电路。

4. 通信扩展模块

S7-200 SMART PLC 可以通过 EM DP01 通信扩展模块实现 PROFIBUS DP 通信。

5. 精简系列面板

S7-200 SMART PLC 支持 Comfort HMI、SMART HMI、Basic HMI 和 Micro HMI。

6. 编程软件

STEP7-Micro/WIN SMART 是西门子公司专门为 S7-200 SMART PLC 设计的编程软件，它为用户提供了一个友好的环境，供用户开发、编辑和监视控制应用所需的逻辑。

STEP7-Micro/WIN SMART 提供 3 种程序编辑器（LAD、FBD 和 STL），用于方便高效地开发适合用户应用的控制程序。

为帮助用户找到所需信息，STEP7-Micro/WIN SMART 提供了内容丰富的在线帮助系统。

1.2.2　CPU 模块

CPU 模块有多种型号，它们提供了各种各样的特征和功能，这些特征和功能可帮助用户针对不同的应用创建有效的解决方案。

S7-200 SMART V2.3 CPU 系列包含 12 种型号，分属 2 条产品线：紧凑型产品线和标准型产品线。CPU 标识符的首字母指示产品线，紧凑型用"C"表示，标准型用"S"表示。标识符的第 2 个字母指示交流电源/继电器输出（R）或直流电源/直流晶体管（T）。标识符中的数字用于指示板载数字量 I/O 点数。

新的紧凑型号由小写字符"s"（仅限串行端口）后加 I/O 点数指示。

S7-200 SMART V2.3 标准型 CPU 可扩展 PLC 的技术性能指标如表 1-1 所示。

表 1-1　S7-200 SMART V2.3 标准型 CPU 可扩展 PLC 的技术性能指标

性能指标		CPU 型号			
		CPU SR20 CPU ST20	CPU SR30 CPU ST30	CPU SR40 CPU ST40	CPU SR60 CPU ST60
物理尺寸/mm		90×100×81	110×100×81	125×100×81	175×100×81
用户程序 存储器/KB	程序	12	18	24	30
	用户数据	8	12	16	20
	保持性	10			
板载数字量 I/O	输入（D1）	12	18	24	36
	输出（DQ）	8	12	16	24
扩展模块		最多 6 个			
信号板		1 块			
高速计数器 （共 6 个）	单相	4 个（200kHz） 2 个（30kHz）	5 个（200 kHz） 1 个（30 kHz）	4 个（200 kHz） 2 个（30 kHz）	4 个（200 kHz） 2 个（30 kHz）
	双相（A/B相）	2 个（100kHz） 2 个（20 kHz）	3 个（100kHz） 1 个（20 kHz）	2 个（100 kHz） 2 个（20 kHz）	2 个（100 kHz） 2 个（20 kHz）
脉冲输出		2 路（100 kHz）	3 路（100 kHz）	3 路（100 kHz）	3 路（100 kHz）
PID 回路		8 条			
实时时钟		有，备用时间为 7 天			

1. CPU 的外部接线图

CPU SR20 AC/DC/继电器型的外部接线如图 1-4 所示。输入回路一般使用图中标注为①的 CPU 内置的 DC 24V 传感器电源，需要去除图中标出的外接 DC 电源，将输入回路的 1M 端子与 DC 24V 传感器电源的 M 端子连接，将内置的 DC 24V 电源的 L+ 端子接到外部触点的公共端。

输出回路需按图串接所需的外接电源，一端接负载公共端，一端接 L 端。

2. CPU 集成的工艺功能

S7-200 SMART 集成的工艺功能包括高速计数器、高速脉冲输出和 PID 控制等。

1）高速计数器

SR 和 ST 型 CPU 的高速计数器（HSC）数量分别为 4 个和 6 个。新的 CRs 型 CPU 配有 4 个 HSC。

SR/ST30 CPU 现已针对 HSC4 使用高速输入 I0.6 和 I0.7，比其他 SR/ST 型 CPU 多 1 个 200kHz 计数器。

2）高速脉冲输出

各种型号的 CPU 最多有 3 路高速脉冲输出，CPU 的高速脉冲输出最高频率为 100kHz。

3）用于闭环控制的 PID 功能

PID 功能用于对闭环过程进行控制，建议 PID 控制回路的个数不要超过 8 个。

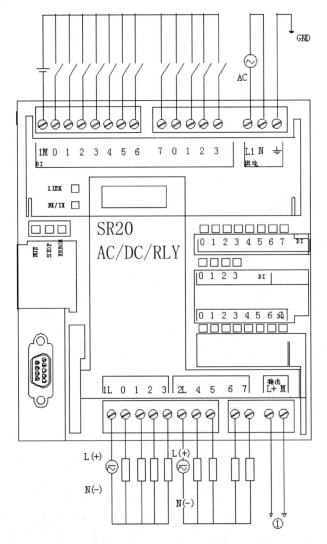

图 1-4　CPU SR20 AC/DC/继电器型的外部接线图

1.2.3　信号板与信号模块

标准型 CPU 的正面都可以添加 1 块信号板，还可连接信号模块，以扩展信号输入/输出的点数或增加 PROFIBUS DP 通信。最多可以连接 6 个信号模块。

1. 信号板

S7-200 SMART PLC 所有 CPU 模块的正面都可以安装 1 块信号板而不需额外增加安装空间。有时添加信号板就可以增加所需的功能。

安装时首先取下端子盖板，然后将信号板直接插入 CPU 正面的槽内。信号板有可拆卸的端子，因此可以很容易地更换信号板。S7-200 SMART 支持下列信号板和电池板。

SB DT04　数字量输入/输出信号板：2 点数字量输入和 2 点数字量输出。输出信号板的额定电压为 DC 24V。

SB AE01　模拟量输入信号板：1 路输入，可输入分辨率为 12 位的电压和 11 位的电流。

SB AQ01　模拟量输出信号板：1 路输出，可输出分辨率为 12 位的电压和 11 位的电流。

SB RS485/RS232　信号板：提供 1 个 RS485/RS232 接口。

SB BA01　电池板：适用于实时时钟的长期备份。

2. 数字量 I/O 模块

数字量输入/输出（DI/DQ）模块和模拟量输入/输出（AI/AQ）模块统称为信号模块。可选用 8 点、16 点和 32 点的输入/输出模块，如表 1-2 所示，来满足不同的控制要求。

表 1-2　数字量输入/输出模块

型　　号	说　　明	型　　号	说　　明
EM DE08	8 点输入，DC 24V	EM DT16	8 点输入 8 点输出
EM DE16	16 点输入，DC 24V	EM DR16	8 点输入 8 点输出继电器
EM DT08	8 点固态 MOSFET 输出，0.75A	EM DT32	16 点输入 16 点输出
EM DR08	8 点继电器输出，2A	EM DR32	16 点输入 16 点输出继电器
EM QR16	16 点继电器输出，2A		
EM QT08	8 点固态 MOSFET 输出，0.75A		

所有的模块都能方便地安装在标准的 35mm DIN 导轨上。所有的硬件都配备了可拆卸的端子盖板，用户不用重新接线，就能迅速地更换组件。

3. 模拟量 I/O 模块

在工业控制中，某些输入量（如压力、温度、流量、液位等）是模拟量，某些执行机构（如电动执行器和变频器等）要求 PLC 能输出模拟量信号来完成控制，而 PLC 的 CPU 只能处理数字量信号。PLC 接受的模拟量信号常是传感器和变送器输出的电压或电流信号，如 4～20mA、±0～10V，PLC 用模拟量输入模块的 A/D 转换将其转换为数字量。模拟量输出模块的 D/A 将 PLC 中的数字量转换为模拟量的电压或电流信号，再用模拟信号去控制执行机构。模拟量输入/输出模块的主要任务就是实现 A/D、D/A 转换。

A/D、D/A 转换器的二进制位数反映了它们的分辨率，位数越多，分辨率就越高。模拟量输入/输出模块的另一个重要指标是转换时间，转换时间越短，对模拟量信号处理的速度就越快。

以下是 ST-200 SMART 的几种模拟量 I/O 模块。

1）EM AE04、EM AE08 模拟量输入模块

EM AE04、EM AE08 模拟量输入模块分别有 4 路和 8 路 12 位模块。模拟量输入可选-10V～10V、-5V～5V、-2.5V～2.5V 和 0～20mA 等多种量程。电压输入的输入电阻不小于 9MΩ，电流输入的输入电阻为 250Ω。双极性模拟量满量程转换后对应的数字为-27 648～27 648。

2）EM AR02 热电阻和 EM AR04 热电偶模拟量输入模块

EM AR02 热电阻模拟量输入模块有 2 路热电阻输入模块，EM AR04 热电偶模拟量输入模块有 4 路热电偶输入模块。可选多种量程的传感器，分辨率为 0.1℃，15 位+符号位。

3）EM AQ02 和 EM AQ04 模拟量输出模块

EM AQ02 和 EM AQ04 模拟量输出模块分别有 2 路、4 路的模拟量输出模块，-10V～10V

电压输出为 12 位，最小负载阻抗 1000Ω。0～20mA 电流输出为 11 位，最大负载阻抗 500Ω，−27 648～27 648 对应满量程。

4）EM AM03 和 EM AM06 模拟量输入/输出模块

EM AM03 模块有 2 路模拟量输入、1 路模拟量输出；EM AM06 模块有 4 路模拟量输入、2 路模拟量输出。EM AM03 和 EM AM06 模块的模拟量输入和模拟量输出通道的性能指标分别与 EM AE04 模块和 EM AQ02 模块的相同，相当于两种模块的组合。

5）集成的通信接口与通信模块

S7-200 SMART 具有非常强大的通信功能，能提供以太网通信和 RS-485 编程端口，并可扩展 PROFIBUS DP 通信。

1.3 数据类型与系统存储区

数据类型用于指定数据元素的大小以及如何解释数据。每个指令参数至少支持一种数据类型，有些参数支持多种数据类型。PLC 在运行时需要处理的数据和实现的功能多种多样。这些不同类型的数据被存放在不同的存储空间，从而形成不同的数据区，因而用户需要掌握 S7-200 SMART PLC 的存储器区的相关知识。

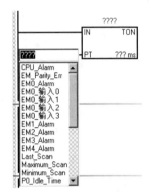

图 1-5 定时器指令 PT 参数支持的数据类型

1.3.1 数据与数据类型

1. 数据类型

每个指令参数所支持的数据类型可以通过将光标停在指令参数域上方来查看。图 1-5 所示为将光标停在定时器指令 PT 参数处的状态，其所支持的数据类型全部显示。

表 1-3 给出了基本数据类型的说明。

表 1-3 基本数据类型

数 据 类 型	位 长 度	数 值 范 围	常量输入实例
Bool	1	0、1	TRUE，FALSE；0，1
Byte	8	16#00～16#FF	16#12，16#AB
Word	16	16#0000～16#FFFF	16#ABCD，16#0001
DWord	32	16#00000000～16#FFFFFFFF	16#02468ACE

注：在数字前面加"#"表示常数格式，在"#"前面加数字表示数字的进制。

2. 位

数字系统内的最小信息单位为"位"（对二进制数而言）。1 位只能存储 1 种状态，即"0"（假或非真）或"1"（真）。灯的开和关是只有两种状态的"二进制"系统示例。灯的开与关决定着灯是处于"点亮"还是"熄灭"状态，该"值"可用 1 位存储。灯开关的数字值回答了以下问题："灯是点亮的吗？"如果灯点亮（"真"），则该值为 1；如果灯熄灭（"假"），则该值为 0。

8 位数据位编成一组，称为 1 个字节，范围如图 1-6 中①所示。组中的每一位（图中②所示）都通过具有自身地址的单独位置来精确定义。每一位都具有一个字节地址及 0~7 的位地址。例如 2.1，其中"2"表示字节地址，"1"是位地址，数据在第 2 字节的第 1 位中。

图 1-6　字节与位

3. Bool、Byte、Word 和 DWord 数据类型

Bool、Byte、Word 和 DWord 数据类型如表 1-4 所示。

表 1-4　数据类型

数 据 类 型	位 长 度	数 值 类 型	数 值 范 围
Bool	1	布尔运算	FALSE 或 TRUE
		二进制	2#0 或 2#1
		无符号整数	0 或 1
		八进制	8#0 或 8#1
		十六进制	16#0 或 16#1
Byte	8	二进制	2#0~2#1111 1111
		无符号整数	0~255
		有符号整数	—128~127
		八进制	8#0~8#377
		十六进制	16#0~16#FF
Word	16	二进制	2#0~2#1111 1111 1111 1111
		无符号整数	0~65535
		有符号整数	—32768~32767
		八进制	8#0~8#177 777
		十六进制	16#0~16#FFFF
DWord	32	二进制	2#0~2#1111 1111 1111 1111 1111 1111 1111 1111
		无符号整数	0~4 294 967 295
		有符号整数	—2 147 483 648~2 147 483 647
		八进制	8#0~8#37 777 777 777
		十六进制	16#0000 0000~16#FFFF FFFF

1.3.2　系统存储区

CPU 将信息存储在不同的存储单元，每个单元具有唯一的地址。可以显式标识要访问的存储器地址，这样程序将直接访问该信息。要访问存储区中的位，必须指定地址。地址应包括存储器标识符、字节地址和位号（这种方式也称为"字节.位"寻址）。

S7-200 SMART PLC 的存储器包括以下几种：

1. 数字量输入继电器（I）

数字量输入继电器和 PLC 的输入端子相连，它用于接收外部的开关信号。CPU 在每次扫描周期开始时对物理输入点采样，然后将采样值写入过程映像输入寄存器。用户可以按位、字节、字或双字来访问过程映像，输入寄存器。

2. 数字量输出继电器（Q）

数字量输出继电器是 PLC 向外部负载发出控制命令的窗口，在 PLC 上均有输出端子与之对应。扫描周期结束时，CPU 将存储在过程映像输出寄存器的值复制到物理输出点。用户可以按位、字节、字或双字来访问过程映像输出寄存器。

3. 变量存储区（V）

可以使用 V 存储器存储程序执行程序中控制逻辑操作的中间结果。也可以使用 V 存储器存储与过程或任务相关的其他数据。可以按位、字节、字或双字访问 V 存储器。

4. 标志存储区（M）

可以将标志存储区（M 存储器）用作内部控制继电器，来存储操作的中间状态或其他控制信息。可以按位、字节、字或双字访问标志存储区。

5. 定时器存储器（T）

CPU 提供的定时器存储区能够以 1ms 或 10 ms 的精度（时基增量）累计时间。定时器有两个变量：

（1）当前值：使用 16 位有符号整数存储定时器计数的时间量。

（2）定时器位：比较当前值和预设值后，可置位或清除该位。

预设值是定时器指令的一部分。可以使用定时器地址（T＋定时器编号）访问这两个变量。访问定时器位还是当前值取决于所使用的指令。带位操作数的指令会访问定时器位，而带字操作数的指令则访问当前值。

6. 计数器存储器（C）

CPU 提供三种类型的计数器，对计数器输入的每一个由低到高的跳变事件进行计数。有两个与计数器相关的变量：

（1）当前值：使用 16 位有符号整数存储累加的计数值。

（2）计数器位：比较当前值和预设值后，可置位或清除该位。

预设值是计数器指令的一部分。可以使用计数器地址（C＋计数器编号）访问上述两个变量。访问计数器位还是当前值取决于所使用的指令。带位操作数的指令会访问计数器位，而带字操作数的指令则访问当前值。

7. 高速计数器（HC）

高速计数器独立于 CPU 的扫描周期对高速事件进行计数，是一个有符号的 32 位整数计数值（或当前值）。要访问高速计数器的计数值，用户需要利用存储器类型和计数器编号指定高速计数器的地址。高速计数器的当前值是只读值，仅可以双字（32 位）来寻址。

8. 累加器（AC）

累加器是可以像存储器一样使用的读/写器件。例如，可以使用累加器向子程序传递参数或从子程序返回参数，并可存储计算中使用的中间值。CPU 提供了 4 个 32 位累加器（AC0、AC1、AC2 和 AC3）。可以按位、字节、字或双字访问累加器中的数据。被访问的数据长度取决于访问累加器时所使用的指令。

9. 特殊存储器（SM）

特殊存储器提供在 CPU 和用户程序之间传递信息的一种方法。可以使用特殊位来选择和控制 CPU 的某些特殊功能，例如在第一个扫描周期接通的位、以固定速率切换的位或显示数学或运算指令状态的位。可以按位、字节、字或双字访问特殊存储器位。

10. 局部存储区（L）

在局部存储器栈中，CPU 提供 64 字节的 L 存储器。L 存储器地址仅可由当前执行的主程序、子程序或中断程序进行访问。它与变量存储器（V）十分相似，区别在于它是局部有效。

11. 模拟量输入（AI）

CPU 将模拟量值（如温度或电压）转换为一个字长度（16 位）的数值。可以通过区域标识符"AI"、数据大小"W"以及起始字节地址访问这些值。由于模拟量输入为字，并且总是从偶数字节（例如 0、2 或 4）开始，所以必须使用偶数字节地址（例如 AIW0、AIW2 或 AIW4）访问这些值。模拟量输入值为只读值。

12. 模拟量输出（AQ）

CPU 将一个字长度（16 位）的数值按比例转换为电流或电压。可以通过区域标识符"AI"、数据大小"W"以及起始字节地址写入这些值。由于模拟量输出为字，并且总是从偶数字节（例如 0、2 或 4）开始，所以必须使用偶数字节地址（例如 AQW0、AQW2 或 AQW4）写入这些值。模拟量输出值为只写值。

13. 顺序控制继电器（S）

S 位与 SCR（顺序控制指令）关联，用于将机器或步骤组织到等效的程序段中。可使用 SCR 实现控制程序的逻辑分段。可以按位、字节、字或双字访问 S 存储器。

1.4　寻址方式

在执行程序过程中，CPU 根据指令给出的地址信息来寻找操作数存放地址的方式叫寻址方式。S7-200 SMART PLC 的寻址方式有 3 种：立即寻址、直接寻址和间接寻址。

1. 立即寻址

对立即数（输入的常数，没有存储地址）直接进行读写的操作寻址方式称为立即寻址，立即寻址可用于常数设置和设置初始值等场合。立即寻址的数据在指令中以常数的形式出现，常数可以是字节、字和双字节等数据类型。

指令中的常数可以按十进制、十六进制、ASCII 等形式表示，常用在数字前面加"#"来表示常数格式，在"#"前面加数字来表示数字的进制，如 2#1011、16#28A7。

2. 直接寻址

编程软元件在存储区中的位置是固定的。PLC 处理的数据可以是位、字节、双字节或多个字节。依据数据长度有位寻址和字节、字、双字寻址 2 种方式。

1）位寻址

位寻址也称"字节.位"寻址，使用时必须指定元件的名称、字节地址和位号，如图 1-7 所示。

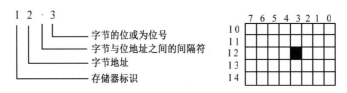

图 1-7　位寻址

例如，I2.3 表示数据存放在数字量输入继电器（I）的第 2 字节的第 3 位。

2）字节、字、双字寻址

对字节、字和双字节的数据，直接寻址时需指明元件名称、数据类型和存储区域内的首字节地址，如图 1-8 所示。

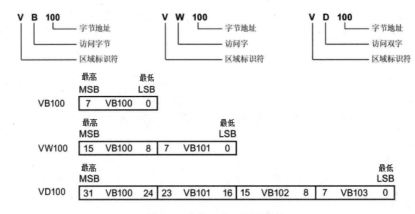

图 1-8　字节、字、双字寻址

可以采用此方式寻址的元件有：I、Q、M、SM、L、V、S、AI 和 AQ。

3. 间接寻址

间接寻址是指用指令指出数据所在单元的内存地址的寻址方式。存储单元的地址又称为地址指针，由于采用双字的形式存储存储器的地址，所以间接寻址只能用 V 存储器、L 存储器或者累加器作为地址指针。

可以用地址指针进行间接寻址的存储区有：I、Q、M、V、S、T、C。其中 T 和 C 仅当前值可以进行间接寻址。

使用间接寻址方式存取数据的过程如下。

1）建立指针

使用间接寻址对某个存储单元读写时，首先要建立地址指针。采用双字传送指令（MOVD），将需要访问的单元地址作为地址指针存入存储单元或寄存器中。例如：

MOVD　&VB100, VD204

其中，"&"为地址符号，它与单元编号结合使用，表示直接地址 VB100 中存放的 32 位数据是地址。

2）用指针来存取数据

在操作数的前面加"*"表示该操作数为一个地址指针。例如图 1-9 中，AC1 为地址指针，用来存放要访问的操作数地址。

图 1-9　间接寻址

图 1-9 所示是将 VB200、VB201 中的数据传送到 AC0 中。

3）修改指针

连续存放数据时，可以通过修改地址指针实现存取紧接其后的数据。在修改地址指针时，要根据访问数据的长度，将地址指针加 1（减 1）、加 2（减 2）或加 4（减 4）。图 1-10 所示为指针地址增加 2 次。

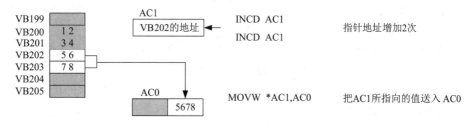

图 1-10　修改指针

1.5　练习题

1. PLC 有哪些特点？
2. S7-200 SMART PLC 有哪些组成部分？
3. S7-200 SMART PLC 的存储器包括几种？
4. S7-200 SMART PLC 的寻址方式包括几种？

| 第2章 |

STEP 7-Micro/WIN SMART 快速应用

STEP 7-Micro/WIN SMART 是西门子公司专门为 S7-200 SMART PLC 提供的开发工具，可在个人计算机上运行。计算机应满足的最低配置要求是：操作系统为 Windows 7 或 Windows 10（32 位、64 位版本），至少 350MB 空闲硬盘空间，鼠标（推荐）。

STEP 7-Micro/WIN SMART 提供 3 种程序编辑器 LAD、FBD 和 STL，用于方便、高效地开发适合用户应用的控制程序。

LAD 编辑器（梯形图逻辑）以图形方式显示程序，与电气接线图类似。LAD 程序仿真来自电源的电流通过一系列的逻辑输入条件，进而决定是否启用逻辑输出。

梯形图逻辑易于理解，而图形表示法通常适合初学者掌握，且使用的符号全世界通用。可以使用 STL 编辑器显示所有用 SIMATIC LAD 编辑器编写的程序。

FBD 编辑器（函数块图）以图形方式显示程序，类似于通用逻辑门图。FBD 中没有 LAD 编辑器中的触点和线圈指令，但有相等的指令，以方框指令的形式显示。

可以使用 STL 编辑器显示所有用 SIMATIC FBD 编辑器编写的程序。

STL 编辑器（结构化控制语言）以文本语言的形式显示程序。STL 编辑器允许用户输入指令助记符来创建控制程序。STL 编辑还允许用户创建用 LAD 或 FBD 编辑器无法创建的程序。这是因为用户是用 CPU 的本机语言在编程，而不是在图形编辑器中编程，在编辑器中必须加以某些限制以便正确绘图。这种基于文本的概念与汇编语言编程十分相似。

2.1 STEP 7-Micro/WIN SMART 编程软件的界面

在 STEP 7-Micro/WIN SMART 软件安装完毕后，双击 图标，启动 STEP 7-Micro/WIN SMART，进入编程软件界面，如图 2-1 所示。

①快速访问工具栏：显示在菜单选项卡正上方。通过快速访问文件按钮可快速地访问"文件"（File）菜单的大部分功能，并可访问最近打开的文档。快速访问工具栏上的其他按钮分别对应文件菜单中的"新建"（New）、"打开"（Open）、"保存"（Save）和"打印"（Print）。

②项目树：显示所有的项目对象和创建控制程序需要的指令。用户可以将单个指令从项目树中拖放到程序中，也可以双击指令，将其插入项目编辑器中的当前光标位置。

项目树可用来对项目进行组织和管理，例如：

● 右击项目可设置项目密码或项目选项，如图 2-2 所示。
● 右击"程序块"（Program Block）文件夹可插入新的子程序或中断程序，如图 2-3 所示。
● 打开"程序块"（Program Block）文件夹，然后右击 POU（程序组织单元）可打开 POU、编辑其属性、用密码对其进行保护或重命名，如图 2-4 所示。

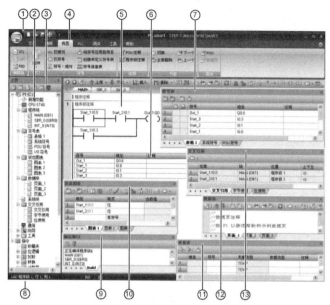

图 2-1　STEP7-Micro/WIN SMART 界面

图 2-2　设置密码

图 2-3　插入新的子例程和中断例程

● 右击"状态图"（Status Chart）或"符号表"（Symbol Table）文件夹可插入新图或新表，如图 2-5 所示。打开"状态图"（Status Chart）或"符号表"（Symbol Table）文件夹，在指令树中右击相应图标，或双击相应的 POU 选项卡，可对其执行打开、重命名或删除操作。

图 2-4　编辑 POU 属性

图 2-5　插入新图或新表

③导航栏：显示在项目树上方，用来快速访问项目树上的对象。单击一个导航栏按钮相当于展开项目树并单击同一选择内容。导航栏有符号表、状态图表、数据块、系统块、交叉引用和通信等图标，用于访问 STEP7-Micro/WIN SMART 的不同编程功能。

④菜单：STEP 7-Micro/WIN SMART 以菜单功能区方式显示每个菜单。可通过右击菜单功能区并选择快捷菜单的"最小化功能区"（Minimize the Ribbon）选项来使其最小化，以节省空间。

⑤程序编辑器：包含程序逻辑和变量表。用户可在该表中为临时程序变量分配符号名称。子程序和中断例程以标签的形式显示在程序编辑器窗口顶部，单击标签可以在子程序、中断程序和主程序之间切换。

STEP 7-Micro/WIN SMART 提供了 3 个用于创建程序的编辑器，梯形图（LAD）、语句表（STL）、功能块图（FBD）。尽管有一定限制，但是用任何一个程序编辑器编写的程序都可以在其他程序编辑器中进行浏览和编辑。

可以在"视图"（View）菜单功能区的"编辑器"（Editor）选项组将编辑器更改为 LAD、FBD 或 STL。通过单击"工具"（Tools）菜单功能区"设置"（Settings）选项组中的"选项"（Options）按钮，可设置启动时默认的编辑器。

⑥符号信息表："符号"是可为存储器地址或常量指定的符号名称。用户可为下列存储器类型创建符号名：I、Q、M、SM、AI、AQ、V、S、C、T、HC。在符号信息表中可显示某程序段中使用的符号的名称、地址和注释信息。

⑦符号表：可以显示、插入或修改所有程序中用到的符号名称、地址和注释信息。

⑧状态栏：位于主窗口底部，用于显示在 STEP7-Micro/WIN SMART 中执行的操作的编辑模式或在线状态的相关信息。

⑨输出窗口：显示最近编译的 POU 和在编译过程中出现的错误的清单。如果已打开"程序编辑器"窗口和"输出窗口"，可双击"输出窗口"中的错误信息使程序自动滚动到错误所在的程序段。

⑩状态图表：可用于输入地址或已定义的符号名称，通过显示当前值来监视或修改程序输入、输出或变量的状态。通过状态图表还可强制或更改过程变量的值。可以创建多个状态图表，以查看程序不同部分的元素。可以将定时器和计数器值显示为位或字。如果将定时器或计数器值显示为位，则会显示指令的输出状态（0 或 1）。如果将定时器或计数器值显示为字，则会显示定时器或计数器的当前值。

⑪变量表：可定义对特定 POU 局部有效的变量。在以下情况可使用局部变量：

● 创建不引用绝对地址或全局符号的可移值子程序。

● 使用临时变量（声明为 TEMP 的局部变量）进行计算，以便释放 PLC 存储器。

● 为子例程定义输入和输出。

⑫数据块：用于向 V 存储器的特定位置分配常数（数字值或字符串）。用户可以对变量存储区的字节（V 或 VB）、字（VW）或双字（VD）地址进行赋值。还可以输入可选注释，前面带双斜线（//）。

⑬若要了解程序中是否已经使用以及在何处使用某一符号名称或存储器分配，需使用交叉引用表。交叉引用表标识在程序中使用的所有操作数，并标识 POU、程序段或行位置以及每次使用操作数时的指令上下文。在交叉引用表中双击某一元素可显示 POU 的对应部分。

2.2 项目创建与硬件组态

在 STEP7-Micro/WIN SMART 编程软件界面，可以完成项目的创建、打开、关闭、导入、导出、上传和下载等功能。本节主要讲解项目的创建以及如何对项目所用硬件进行组态。

2.2.1　项目的创建与打开

1. 创建项目

创建项目可以使用 2 种方法。

（1）单击"文件"菜单功能区"操作"选项组中的"新建" 按钮。

（2）单击"快速访问工具栏"中的 按钮。

打开的新建项目界面如图 2-6 所示。

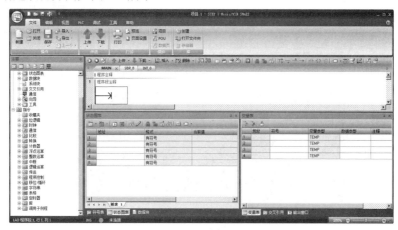

图 2-6　新建项目

2. 打开项目

打开项目常用的方法有 2 种。

（1）单击"文件"菜单功能区"操作"选项组中的"打开" 按钮。

（2）单击"快速访问工具栏"中的 按钮。

在"打开"对话框中选择要打开的项目"项目 1"，单击"打开"按钮，如图 2-7 所示，"项目 1"被打开。

图 2-7　打开项目

2.2.2 硬件组态

硬件组态指在"系统块"中设置实际系统使用的 CPU 型号、扩展模块和信号板的型号，并设置它们的相关参数，以便生成一个与实际硬件环境完全相同的系统，方便后续程序的编辑和调试。

1. 硬件组态

硬件组态步骤如下。

（1）新建项目或打开已有需要更改硬件设置的项目。

（2）双击项目树中的"系统块" 按钮或者单击导航栏中的 按钮，打开如图 2-8 所示的"系统块"对话框。也可以在"视图"（View）菜单功能区的"窗口"（Window）选项组内，从"组件"（Component）下拉列表中选择"系统块"（System Block）选项来打开此对话框。

图 2-8 "系统块"对话框

（3）在"系统块"对话框进行硬件组态。在"系统块"对话框上半部分选择实际使用的 CPU、扩展模块和信号板的型号。型号选择完毕，在相应行的"输入""输出"列就会自动显示该 CPU、扩展模块和信号板的起始地址。

首先选择 CPU 型号。单击"CPU"行、"模块"列的下拉按钮，如图 2-9 所示，从 15 个选项中选择实际 CPU 的型号，如 CPU SR30（AC/DC/Relay）。

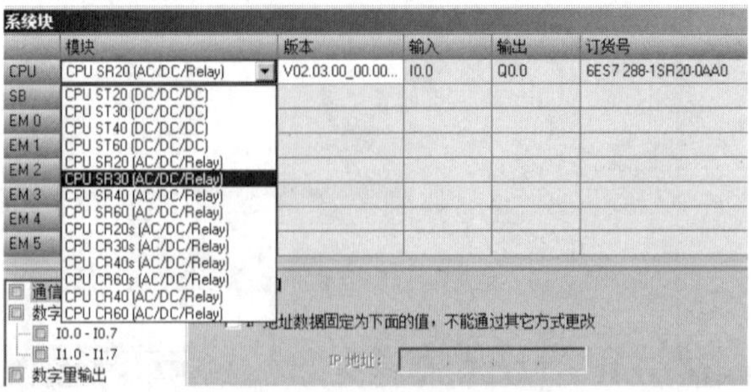

图 2-9 CPU 型号选择

用同样的方法可以组态信号板和扩展模块，如图 2-10 所示。单击"确定"按钮后硬件组态工作就完成了。从对话框中的"输入""输出"列可以看到系统分配给 CPU 及各模块的地址，这些地址不能更改。

图 2-10　硬件组态后的界面

CPU 的输入地址为 I0.0～I2.1（18 点），输出地址为 Q0.0～Q2.3（12 点）；SB DT04 的输入地址为 I7.0、I7.1（2 点），输出地址为 Q7.0、Q7.1（2 点）；EM DE08 的输入地址为 I8.0～I8.7（8 点），输出地址为 Q12.0～Q12.7（8 点）；EM AM03 的模拟量输入地址为 AIW48、AIW50（2 点），模拟量输出地址为 AQW48（1 点）；EM AR02 热电阻输入地址为 AIW64、AIW66（2 点）；EM AT04 热电偶输入地址为 AIW80～AIW86。

2. 相关参数设置

"系统块"对话框的下半部分显示了上半部分所选模块的相关选项。单击组态选项树中的任意节点可修改所选模块的项目组态。

1）CPU 的组态选项

CPU 模块有"通信""数字量输入""数字量输出""保持范围""安全"和"启动"等组态选项。

（1）对通信进行组态。单击"系统块"对话框的"通信"节点可组态以太网端口、背景时间和 RS485 端口，设置界面如图 2-11 所示。

● 以太网端口：若要使 CPU 从项目中获取其以太网网络端口的相关信息，应选择"IP 地址数据固定为下面的值，不能通过其他方式更改"复选框，然后输入"IP 地址""子网掩码""默认网关""站名称"等信息。

● 背景时间：可组态专门用于处理通信请求的扫描周期时间百分比。增加专门用于处理通信请求的时间百分比时，亦会增加扫描时间，从而减慢控制过程的运行速度。扫描时间仅在过程通信请求需要处理时增加。

图 2-11 "通信"参数设置

专门用于处理通信请求的默认扫描时间百分比为 10%。该设置在处理编译/状态监控操作和尽量减小对控制过程的影响之间进行了折中。用户可以调整该设置,每次增加 5%,最大为 50%。

随着与 S7-200 SMART CPU 通信的设备增多,将需要更多的后台时间来处理这些设备的请求。GET 和 PUT 指令需要额外资源来创建并保持与其他设备间的连接。

如果有 HMI 设备或其他的 CPU 通过 EM DP01 与 S7-200 SMART CPU 通信,则 EM DP01 PROFIBUS DP 模块需要额外的后台通信时间。开放式用户通信(OUC)还会给 CPU 增加额外负荷,并可能需要额外的后台通信时间。

● RS485 端口:使用以下设置对板载 RS485 端口调整系统协议通信参数。连接编程设备或 HMI 设备时需使用系统协议。

➢ 地址:可选择所需 CPU 地址(1～126),默认端口地址为 2。

➢ 波特率:可选择所需数据波特率(9.6kb/s、19.2kb/s 或 187.5kb/s)。

(2)数字量输入。单击"系统块"对话框的"数字量输入"节点可组态数字量输入滤波器和脉冲捕捉位,如图 2-12 所示。

● 数字量输入滤波器:通过设置输入时延可以过滤数字量输入信号。输入状态改变时,输入必须在时延期限内保持在新状态,才能被认为有效。滤波器会消除噪音脉冲,并强制输入数据在被接受之前稳定下来。

使用 S7-200 SMART CPU,用户可以为其所有数字量输入点选择输入延时。从 1 个或多个数字量输入点旁的下拉列表中选择延时时间,单击"确定"按钮。

● 脉冲捕捉:S7-200 SMART CPU 为数字量输入点提供脉冲捕捉功能。通过脉冲捕捉功能可以捕捉高电平脉冲或低电平脉冲。此类脉冲出现的时间极短,CPU 在扫描周期开始读取数字量输入时,可能无法始终看到此类脉冲。当为某一输入点启用脉冲捕捉功能时,输入状态的改变会被锁定,并保持至下一次输入循环再更新。这样可确保延续时间很短的脉冲被捕捉,并保持至 S7-200 SMART CPU 读取输入。

图 2-12　组态数字量输入

需要脉冲捕捉的数字量输入，只需选择该输入的"脉冲捕捉"复选框即可。

（3）数字量输出。单击"系统块"对话框的"数字量输出"节点，组态所选模块的数字量输出选项，如图 2-13 所示。

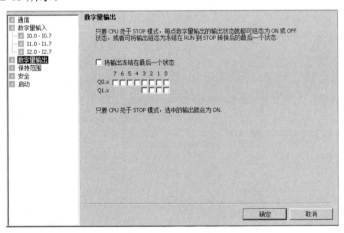

图 2-13　组态数字量输出

当 CPU 处于 STOP 模式时，可将数字量输出点设置为特定值，或者保持在切换到 STOP 模式之前存在的输出状态。

在 STOP 模式下，有 2 种方法可用于设置数字量输出行为。

● 将输出冻结在最后一个状态：选择此复选框，可在进行 RUN 到 STOP 转换时将所有数字量输出冻结在其最后的状态。

● 替换值：如果"将输出冻结在最后一个状态"复选框未选中，只要 CPU 处于 STOP 模式，就允许为每个输出指定所需状态。单击要设置为 ON（1）的每个输出的复选框，选定为 ON（1）后，在进行 RUN 到 STOP 转换时将该数字量给出冻结在 ON（1）状态。

（4）保持范围。单击"系统块"对话框的"保持范围"节点，组态在循环上电后保留下来的存储区范围，如图 2-14 所示。

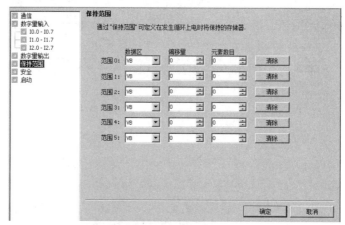

图 2-14　组态保持范围

选择要在上电循环期间保持的存储区，为 V、M、T 或 C 存储区输入新值。

用户可将下列存储区中的地址范围定义为保持：V、M、T 和 C。对于定时器，只能保持保持性定时器（TONR），而对于定时器和计数器，只能保持当前值（每次上电时都将定时器和计数器位清零）。

（5）安全。单击"系统块"对话框的"安全"节点，组态 CPU 的密码及安全设置，如图 2-15 所示。

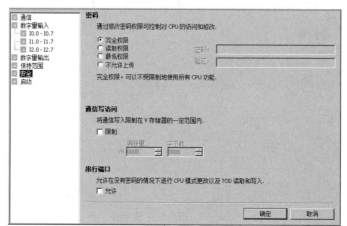

图 2-15　组态安全

组态系统安全允许程序管理人员通过修改密码权限级别来控制对 CPU 的访问和修改。对 CPU 提供了 4 级密码保护："完全权限"（1 级）提供无限制访问，"读取权限"（2 级），"最低权限"（3 级），"不允许上传"（4 级）提供受限制的访问。S7-200 SMART CPU 的默认密码级别是"完全权限"（1 级）。

● 通信写访问：可对 V 存储器特定范围的通信写入进行限制，禁止对受限制的存储器（I、Q、AQ 和 M）进行通信写入。

● 串行端口：对串行端口模式更改和日时钟（TOD）读取和写入。无需密码也可通过串行端口对 CPU 进行模式更改写入，以及对 TOD 读取和写入。

（6）启动。单击"系统块"对话框的"启动"节点，组态 PLC 的启动选项，如图 2-16 所示。

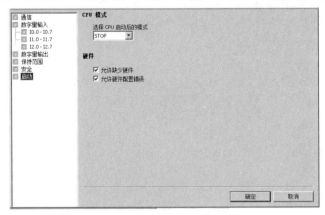

图 2-16　组态启动选项

● CPU 模式：可从此下拉列表选择 CPU 启动后的模式。可以选择以下 3 种模式之一。
  ➢ STOP 模式：CPU 在上电或重启后始终进入 STOP 模式（默认选项）。
  ➢ RUN 模式：CPU 在上电或重启后始终进入 RUN 模式。对于多数应用，特别是对 CPU 独立运行而不连接 STEP 7-Micro/WIN SMART 的应用，RUN 模式是正确选择。
  ➢ LAST 模式：CPU 应进入上一次上电或重启前存在的工作模式。此选项可用于程序开发或调试。要注意运行中的 CPU 会因为很多原因进入 STOP 模式，例如扩展模块故障、扫描看门狗超时事件、存储卡插入或不规则上电事件。CPU 进入 STOP 模式后时都会持续进入 STOP 模式，必须通过 STEP 7-Micro/WIN SMART 将 CPU 恢复到 RUN 模式。
● 硬件：可组态 CPU 以允许在选择以下硬件条件时以 RUN 模式运行，如果不选择其中之一或全部但有任一禁止条件为真，则禁止 CPU 进入 RUN 模式。
  ➢ 允许缺少硬件：缺少在 CPU 中存储的硬件配置内指定的 1 台或多台设备。
  ➢ 允许硬件配置错误：CPU 中存储的硬件配置与实际存在的设备之间存在差别，导致配置错误（例如，离散输入模块取代了组态的离散输出模块）。

2）扩展模块和信号板的组态选项

扩展模块和信号板的组态选项中，开关量的选项与 CPU 的开关量选项一样，只有模拟量参数不同。

（1）模拟量输入。在"系统块"对话框的顶部选择模拟量输入模块，单击"模拟量输入"节点进行组态，如图 2-17 所示。

● 类型：模拟量类型组态。对于每条模拟量输入通道，可将类型组态设置为电压或电流。
● 范围：组态通道的电压范围或电流范围。可选取值为 +/-2.5v、+/-5v、+/-10v、0～20ma。
● 抑制：传感器的响应时间或传送模拟量信号至模块的信号线的长度和状况，也会引起模拟量输入值的波动。这种情况下，可能会因波动值变化太快而导致程序逻辑无法有效响应。用户可组态模块对信号进行抑制，进而消除或最小化所选频率的噪声。可选取值为 10Hz、50Hz、60Hz、400Hz。

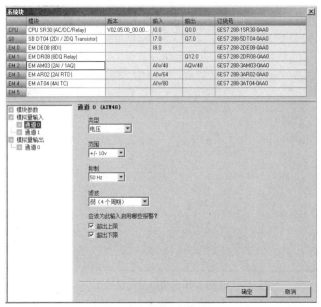

图 2-17　组态模拟量输入

- 滤波：可组态模块在组态的周期数内平滑模拟量输入信号，从而将一个平均值传送给程序逻辑。可选择取值为"无（1 个周期）""弱（4 个周期）""中（16 个周期）""强（32 个周期）"。

- 报警组态：可为所选通道设置当超出上限（值＞32511，32511 对应电压值为 11.7592）、超出下限（值＜-32512，-32512 对应电压值为-11.759V）时是启用还是禁用相应报警。

（2）模拟量输出。在"系统块"对话框的顶部选择模拟量输出模块，单击"模拟量输出"节点进行组态，如图 2-18 所示。

图 2-18　组态模拟量输出

- 类型：模拟量类型组态。对于每条模拟量输出通道，可将类型组态设置为电压或电流。
- 范围：组态通道的电压范围或电流范围。可选取值为+/−10v、0～20mA。
- STOP 模式下的输出行为：当 CPU 处于 STOP 模式时，可将模拟量输出点设置为"替代值"指定的值，或者保持在切换到 STOP 模式之前存在的输出状态。
- 报警组态：可为所选通道设置当超出上限（值>32511）、超出下限（值<−32512）、断线（仅限电流通道）、短路（仅限电压通道）时是启用还是禁用相应报警。

（3）热电阻输入。在"系统块"对话框中，单击 RTD 模拟量输入节点，对所选 RTD 模拟量输入模块的相关选项进行组态，如图 2-19 所示。

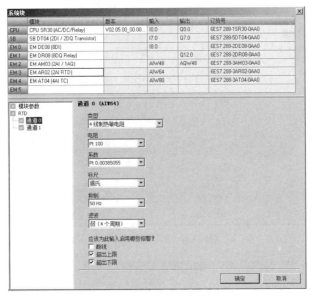

图 2-19　组态热电阻输入

RTD 模拟量输入模块可提供端子 I+和 I-电流，用于电阻测量。电流流经电阻便可以测量其电压。连接 I+和 I-的电缆必须直接接到电阻温度计/电阻。

与 2 线制相比，针对 4 线制或 3 线制编程的测量可补偿线路阻抗，并返回相当高精度的测量结果。

- 类型：组态各 RTD 输入通道的类型，包括 4 线制热敏电阻、4 线制电阻、3 线制热敏电阻、3 线制电阻、2 线制热敏电阻、2 线制电阻。
- 电阻：可设置热电阻的型号。
- 系数：选择热电阻的温度系数。
- 标尺：选择使用摄氏温度还是华氏温度。
- 抑制：传感器的响应时间或负责传送 RTD 模拟量信号的线缆的长度和状况，也会引起 RTD 模拟量输入值的波动。这种情况下，可能会因波动值变化太快而导致程序逻辑无法有效响应。用户可组态模块对信号进行抑制，进而消除或最小化以下频率的噪声：10Hz、50Hz、60Hz、400Hz。
- 滤波：用户可对模块进行组态，在组态的周期数内平滑 RTD 模拟量输入信号，然后将平均值传送至程序逻辑。有 4 种平滑算法可供选择：无、弱、中、强。
- 报警组态：可针对所选 RTD 模拟量输入模块的选定通道，选择启用或禁用下列报警：

断线、超出上限、超出下限。

（4）热电偶输入。在"系统块"对话框中选择 TC 模拟量输入模块，单击"热电偶"节点进行组态，如图 2-20 所示。

图 2-20　组态热电偶输入

- 类型：组态各 TC 模拟量输入模块通道的类型，可选热电偶或电压。
- 热电偶：根据所选热电偶类型，为通道组态热电偶，可选 B 型、N 型、E 型、R 型、S 型、J 型、T 型、K 型、C 型、TXK/XK。
- 标尺：可选择使用摄氏温度还是华氏温度。
- 抑制：传感器的响应时间或负责向模块传送热电偶模拟量信号的线缆的长度和状况，也会引起热电偶模拟量输入值的波动。这种情况下，可能会因波动值变化太快而导致程序逻辑无法有效响应。用户可组态 TC 模拟量输入模块对信号进行抑制，进而消除或最小化以下频率的噪声：10Hz、50Hz、60Hz、400Hz。
- 滤波：用户可对模块进行组态，在组态的周期数内平滑热电偶模拟量输入信号，然后将平均值传送至程序逻辑。有 4 种平滑算法可供选择：无、弱、中、强。
- 源参考温度：组态各 TC 模拟量输入模块通道的源参考温度。源参考温度可以选择"按参数设置"（设置为 0℃或 50℃），也可以选择"内部参考"。
- 报警组态：可针对所选 TC 模拟量输入模块的选定通道，选择启用或禁用下列报警：断线、超出上限、超出下限。

2.3　程序的编辑、保存与调试

STEP 7-Micro/WIN SMART 的界面为创建用户项目程序提供了一个便捷的工作环境。

STEP7-Micro/WIN SMART 项目文件是带有 .smart 扩展名的文件。要打开用户界面，可双击 STEP7-Micro/WIN SMART 图标，或者从"开始"菜单的"SIMATIC"组件中选择"STEP7-Micro/WIN SMART"。

2.3.1　程序编辑

创建或打开项目后，系统会自动打开主程序 MAIN（OB1），用户可以在程序编辑器内编辑程序，比较方便。编写实例如图 2-21 所示。

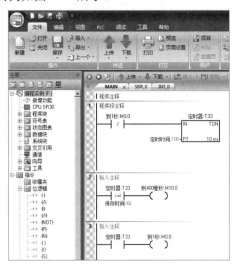

图 2-21　编写程序实例

下面介绍程序的编写步骤。

1. 程序段 1

程序段 1 如图 2-22 所示。

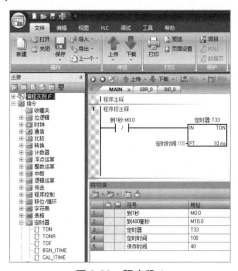

图 2-22　程序段 1

1）输入位逻辑指令

要输入触点 M0.0，可以通过项目树将指令插入到程序编辑器的程序段中，方法是将项目树"指令"文件夹中的指令拖放到程序段中。程序中的所有块均保存在项目树"编程实例"节点的"程序块"文件夹中。程序编辑器工具栏中的按钮提供了选择 PLC 命令和编程操作的快捷方式。

（1）双击"位逻辑"文件夹或单击其加号（+）以显示位逻辑指令。

（2）选择"常闭"触点。

（3）将触点指令拖到第 1 个程序段中。

（4）单击触点上方的"???"，为触点输入地址 M0.0。

（5）按 Enter 键随即输入该触点地址。

2）输入定时器指令

（1）双击"定时器"文件夹显示定时器指令。

（2）选择"TON"（接通延时定时器）指令。

（3）将定时器指令拖到第 1 个程序段中。

（4）为定时器输入定时器编号 T33。

（5）按 Enter 键随即输入定时器编号，光标将自动移到预设时间参数（PT）处。

（6）为预设时间指定的值 100（T=PT×S=100×10ms=1000ms，即 1s）。

（7）按 Enter 键输入该值。

知识点：

定时器是 PLC 设计中最常用的元器件之一，其功能与时间继电器相同，都起到延时的作用。S7-200 SMART PLC 为用户提供 3 种类型的定时器：接通延时定时器（TON）、有记忆接通延时定时器（TONR）和断开延时定时器（TOF）。

定时器的编号用定时器的名称和它的常数编号（最大数为 255）来表示，如 T37。

S7-200 SMART PLC 定时器有 3 种分辨率等级：1ms、10ms 和 100ms。定时器的定时时间 T=PT×S，其中 PT 为预设值，S 为分辨率。

1）接通延时定时器（TON）

接通延时定时器用于单一时间间隔的定时。上电周期或首次扫描时，定时器位为 OFF，当前值为 0。输入端接通时，定时器位为 OFF，当前值从 0 开始计时；当前值达到预设值时，定时器位为 ON，当前值仍继续计数（最大值为 32 767）。输入端断开后，定时器自动复位，定时器位为 OFF，当前值为 0。

2）有记忆接通延时定时器（TONR）

上电周期或首次扫描，定时器位为 OFF，当前值保持在掉电前的值。输入端接通，定时器位为 OFF，当前值从上次的保存值开始计时；当前值达到设定值时，定时器位为 ON，当前值仍继续计数（最大值为 32 767）。输入端断开，定时器自动复位，定时器位为 OFF，当前值为 0。该继电器只能用复位指令 R 进行复位。

3）断开延时定时器（TOF）

断开延时定时器用于断电后单一时间间隔的定时。上电周期或首次扫描，定时器位为 OFF，当前值为 0。输入端接通，定时器位为 ON，当前值为 0。当输入端由接通到断开，开始计时，当前值达到设定值时，定时器位为 OFF，当前值等于设定值，停止计时。输入端再次闭合，定时器自动复位，定时器位为 ON，当前值为 0。

2. 程序段 2

程序段 2 如图 2-23 所示。

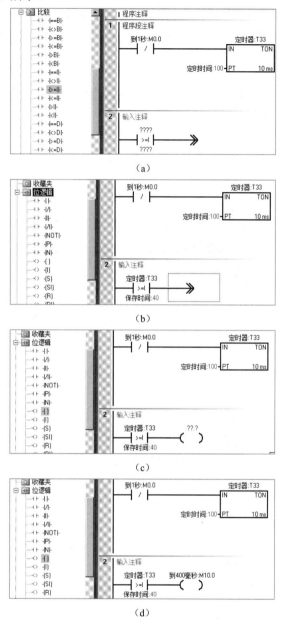

（a）

（b）

（c）

（d）

图 2-23　程序段 2

1）输入比较指令[①]

（1）双击"比较"文件夹以显示比较指令，选择">=I"（大于或等于整数）指令。

[①] 对于定时器，要给出定时器编号来区分是哪一个定时器；对于触点，要给出地址来区分是哪个触点；对于比较指令，要给出被比较数的地址（间接寻址）来进行比较。

（2）将比较指令拖到第 2 个程序段中，如图 2-23（a）所示。

（3）指定定时器地址值 T33。

（4）按 Enter 键随即输入定时器编号，光标将自动移到要与定时器值进行比较的其他值处。

（5）输入要与定时器数值比较的值 40。

（6）按 Enter 键随即输入该值。

2）输入用于接通输出线圈[1]M10.0 的指令

（1）双击"位逻辑"文件夹以显示位逻辑指令，选择输出线圈指令。

（2）将线圈指令拖到第 2 个程序段末，如图 2-23（b）所示。

（3）单击线圈上方的"???"，然后输入地址 M10.0，如图 2-23（c）所示。

（4）按 Enter 键随即输入该线圈地址，如图 2-23（d）所示。

3. 程序段 3

程序段 3 如图 2-24 所示。

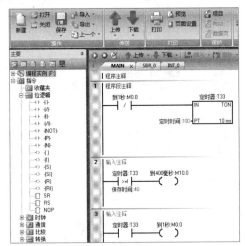

图 2-24　程序段 3

1）输入 T33 定时器位触点

（1）从位逻辑指令中选择"常开"触点指令。

（2）将触点指令拖到第 3 个程序段中。

（3）单击触点上方的"???"，然后输入定时器位的地址 T33。

（4）按 Enter 键随即输入该触点地址。

2）输入用于接通输出线圈 M0.0 的指令

（1）从位逻辑指令中选择输出线圈指令。

（2）将输出线圈指令拖到第 3 个程序段中。

（3）单击线圈指令上方的"???"，然后输入地址 M0.0。

（4）按 Enter 键随即输入该线圈地址。

为了方便读写程序，可以对程序或程序段加注释说明。

---

① 输出线圈是 PLC 梯形图编程用的一种元件，与继电器逻辑电路中的线圈工作类似。有能流流过时该输
　出线圈值为"1"。

在编写程序之前，可以为存储器地址或常量指定符号名称。STEP 7-Micro/WIN SMART 通过符号表来定义符号。

1）打开"符号表"窗口

打开 STEP 7-Micro/WIN SMART 中的"符号表"窗口，可使用以下方法之一。

● 单击导航栏中的"符号表"按钮。

● 在"视图"菜单的"窗口"选项组中，从"组件"下拉列表中选择"符号表"。

● 在项目树中打开"符号表"文件夹，选择一个表然后按 Enter 键，或者双击表名称。

"表格 1"是空表格，可以在符号、地址和注释列输入相关信息，方便程序的缩写。符号表由"表格 1""系统符号""POU Symbols"和"I/O 符号"表 4 个表组成。

"系统符号"表内是特殊存储器 SM 的名称、地址和功能说明，如图 2-25 所示。可以修改特殊存储器 SM 的名称。

图 2-25　系统符号表

"POU Symbols"表如图 2-26 所示，它是只读表格，显示主程序、子程序和中断程序的符号、地址和注释。

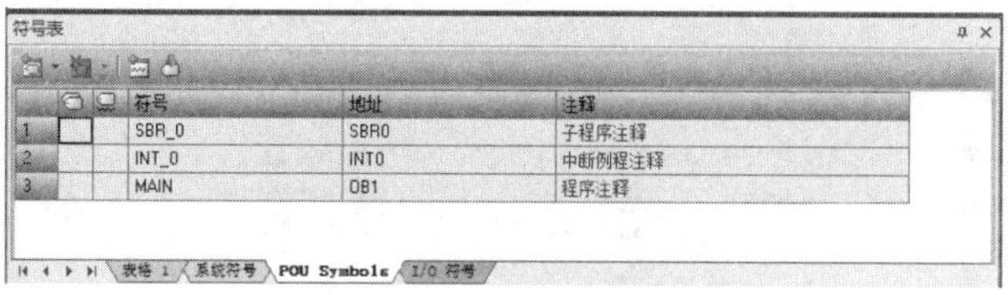

图 2-26　POU 符号表

"I/O 符号"表如图 2-27 所示，显示 I/O 的符号、地址和注释。可以加注释，为记忆和编程提供方便。

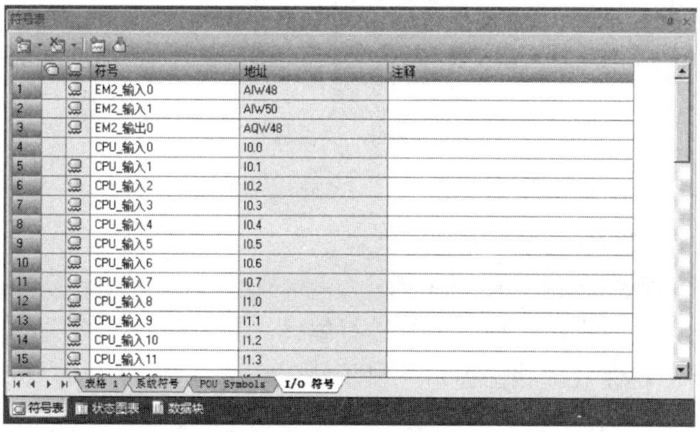

图 2-27　I/O 符号表

2）定义符号

在"表格 1"中，输入要用到的符号和地址，如图 2-28 所示。也可以添加注释。

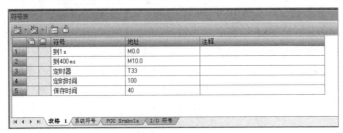

图 2-28　表格 1

2.3.2　程序的保存与下载

输入上节的 3 个程序段后，即已完成程序的输入，接下来要将程序保存起来，以便下载使用。

1. 程序的保存

程序保存后，即创建了一个含 CPU 类型和其他参数的项目。要以指定的文件名在指定的位置保存项目，步骤如下。

（1）在"文件"菜单功能区的"操作"选项组中选择"保存"→"另存为"选项。

（2）在"另存为"对话框中为保存的项目输入文件名，如图 2-29 所示。

图 2-29　项目保存

（3）选择要保存项目文件的位置。

（4）单击"保存"按钮保存项目。

保存项目后，可下载程序到 PLC 的 CPU。

在程序下载前，为避免程序出错，最好进行编译。单击程序编辑器工具栏的　按钮进行编译，如果有语法错误，将会在"输出窗口"显示错误个数、错误的原因和错误位置，如图 2-30 所示。

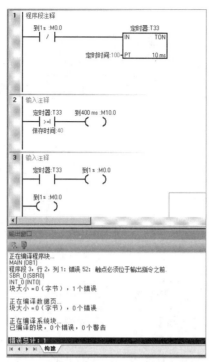

图 2-30　编译程序后的输出窗口

2. 程序的下载

程序编译无误后，就可以将程序下载到 CPU。在下载前，必须保证 S7-200 SMART CPU 与计算机能正常通信。

为保证 S7-200 SMART CPU 与计算机能正常通信，首先要将 PLC 的以太网端口用网线与计算机相连，其次要对通信进行设置。对通信进行设置的步骤如下。

1）CPU 的通信设置

双击项目树中的"通信"节点或导航栏中的"通信" 📟 按钮，弹出"通信"对话框，如图 2-31 所示。将"网络接口"选择为当前使用的网卡，然后单击"查找 CPU"按钮，查找到 CPU 的 IP 地址。S7-200 SMART PLC 的默认地址为 192.168.2.1。单击"确定"按钮，CPU 通信设置就完成了。

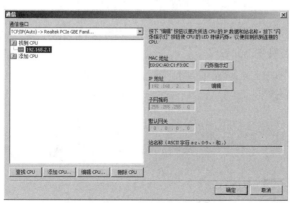

图 2-31　CPU 的 IP 地址设置

2）计算机网卡的 IP 地址设置

在计算机 Windows 系统的控制面板中，单击"网络与 Internet"，单击"查看基本网络信息并设置连接"，然后单击"本地连接"，弹出"本地连接 状态"对话框，如图 2-32 所示。

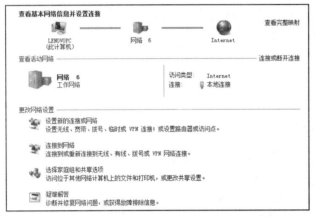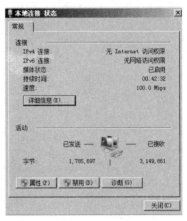

图 2-32　计算机网卡设置

如果 IP 地址不对，可单击"属性"按钮，在属性"此连接使用下列项目"选项中，双击"Internet 协议版本 6"选项，弹出"Internet 协议版本 6（TCP/IPv6）属性"对话框，选择"自动获取 IPv6 地址"单选按钮，如图 2-33 所示，单击"确定"按钮完成设置。

完成上述设置后，S7-200 SMART PLC 与计算机之间就可以正常通信了。

单击程序编辑器中工具栏上的"下载"按钮，弹出"下载"对话框，如图 2-34 所示。用户可以根据需要，选择要下载的块以及下载选项。

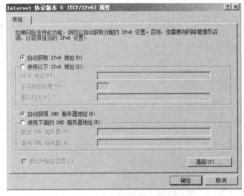

图 2-33　计算机 IP 地址设置　　　　　图 2-34　MODBUS 通信选择界面

提示：如果要将 CPU 中的程序上传到计算机，只要单击程序编辑器中工具栏上的"上传"按钮就可以了，操作步骤与下载相同。

程序成功下载后，要运行该程序可单击 STEP 7-Micro/WIN SMART 程序编辑器工具栏中的 按钮，单击 按钮可以停止该程序运行。

2.3.3　程序监控与调试

STEP 7-Micro/WIN SMART 提供了下列功能帮助用户调试程序：

1. 书签功能

可在程序中设置书签，以便在长程序中的指定程序段间移动。单击"切换" 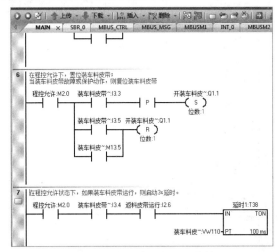 按钮可在当前光标位置指定的程序段处设置或删除书签，如图 2-35 所示。例如，单击"切换"按钮在光标位置程序段 7 处可设置书签，再次单击则删除该书签。

图 2-35　在指定位置设置书签

单击"下一个" 按钮将光标移动到程序中下一个标有书签的程序段；单击"上一个" 按钮可将光标移动到程序中上一个标有书签的程序段；单击"全部删除" 按钮可删除程序中的所有书签。

2. 交叉引用表

若要了解程序中是否已经使用以及在何处使用某一符号名称或存储器分配情况，可使用交叉引用表。交叉引用表标识程序中使用的所有操作数，并标识 POU（程序组织单元）、程序段或行位置以及每次使用操作数时的指令上下文。

在交叉引用表中双击某一元素可显示 POU 的对应部分。"元素"指程序中使用的操作数，可使用切换按钮在符号寻址和绝对寻址之间切换，以更改所有操作数的表示；"块"指使用操作数的 POU；"位置"指使用操作数的行或程序段；"上下文"指使用操作数的程序指令。

交叉引用表如图 2-36 所示，必须编译程序后才能查看交叉引用表。

	元素	块	位置	上下文
1	到1s	MAIN (OB1)	程序段 1	-|/|-
2	到1s	MAIN (OB1)	程序段 3	-( )-
3	到400ms	MAIN (OB1)	程序段 2	-( )-
4	定时器	MAIN (OB1)	程序段 1	TON
5	定时器	MAIN (OB1)	程序段 2	-|>=I|-
6	定时器	MAIN (OB1)	程序段 3	-|/|-

图 2-36　交叉引用表

3. 程序监控

要在程序编辑器中显示当前数据值和 I/O 状态，需单击程序编辑器工具栏中的 按钮，或单击"调试"菜单功能区中的"程序状态" 按钮。

状态数据采集随后开始，并在执行程序过程中显示所有逻辑运算的结果。也可单击程序编

辑器工具栏中的 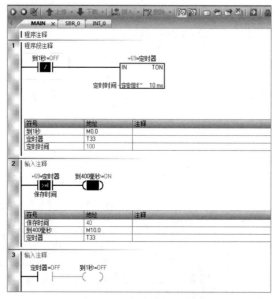按钮，或单击"调试"菜单功能区中的"暂停状态" 按钮，暂停和恢复程序状态采集。

程序监控状态如图 2-37 所示。

图 2-37　程序监控状态

PLC 梯形图（LAD）程序中，最左侧的竖线相当于实际线路中的电源线，所以常称此线为"电源线"。扫描程序时，程序中的"电源线"、能流或逻辑流会变色显示：

- 通电或在逻辑上为真的触点和线圈显示为蓝色。
- 无能流、指令未扫描（跳过或未调用）或 PLC 处于 STOP 模式时，显示为灰色（默认分配）。
- 对于方框指令，如果指令通电且无错成功执行时，方框指令为绿色，如图中的绿色定时器；如果指令执行时发生错误，则方框指令变为红色。
- 当跳转和标签指令激活时，显示为蓝色；如果未激活，则显示为灰色。

程序编辑器在扫描周期的执行程序阶段随着每条指令的执行，显示操作数的值并指示能流状态。执行状态能够显示中间数据值，它们可能因执行后续程序指令而被覆盖。

提示：所有显示的 PLC 数据值都是从 1 个程序扫描周期中采集的。

4. 使用状态图来监视用户程序

在状态图表中，可以输入地址或已定义的符号名称，通过显示当前值来监视或修改程序输入、输出或变量的状态，还可强制或更改过程变量的值。

可以创建多个状态图表，以查看程序不同部分的元素；可以将定时器和计数器值显示为位或字。如果将定时器或计数器值显示为位，则会显示指令的输出状态（0 或 1）；如果将定时器或计数器值显示为字，则会显示定时器或计数器的当前值。

要创建新的状态图表，应确保"状态图表"和"程序状态"均处于关闭状态，然后使用以下方法之一创建新图表。

- 在项目树中，右击"状态图表"文件夹，在弹出的快捷菜单中选择 "插入"→"图表"选项。

● 在"编辑"菜单功能区的"插入"选项组中选择"对象"→"图表"选项。

● 右击状态图表窗口的状态图表选项卡或现有状态图表中的任何单元,从弹出的快捷菜单中选择"插入"→"图表"选项。

● 在状态图表工具栏中单击"插入"按钮,然后选择"图表"选项。

成功插入新的状态图表后,新图表将显示在项目树中的"状态图表"文件夹下,新选项卡显示在"状态图表"窗口底部。

如果状态图表窗口并未打开,可从项目树、导航栏或从"视图"菜单功能区"窗口"选项组中的"组件"下拉列表打开现有状态图表。

如果状态图表窗口已打开,可以单击窗口中的选项卡切换到相应状态图表。

要构建状态图表,请按以下步骤操作:

(1)在"地址"列为每个需要的值输入地址(或符号名)。符号名必须是已在符号表中定义的名称。

(2)如果元素是位(例如 I、Q 或 M),选择该元素对应"格式"列下拉列表中的"位"选项;如果元素是字节、字或双字,在对应"格式"列的下拉列表中选择有效格式,如图 2-38所示。

图 2-38　状态图表

构建状态图表后,当 PLC 运行时,单击"状态图表"窗口的 ▶ 按钮,就可以监视图表中各地址数据的变化,如图 2-39 所示。

图 2-39　状态图表监控

2.4 练习题

1. 如何创建和打开项目？
2. 如何组态 S7-200 SMART PLC 的硬件配置？
3. 如何建立 PLC 与编程计算机的连接？
4. 如何在程序中插入指令？
5. 监控与调试程序有哪几种方式？
6. 如何保存与下载程序？

| 第3章 |
简单实用程序分析

PLC 具有可靠性高、抗干扰能力强、通用灵活、编程简单、功能完善、扩展能力强、便于维护等优点，广泛应用于国民经济的多个领域。

在实际工程应用中，无论 PLC 的程序有多么复杂，都可认为是由一些简单的实用程序以一定的逻辑连接组合而成。本章主要介绍一些简单的实用程序。

3.1 声光报警器控制

在工业生产过程中，当某个参数超过一定限度时，就会影响生产的安全稳定或产品质量。为保证安全稳定和产品质量，生产中经常采用声光报警器监视各重要参数，如果其当前值超过预设就发出声光报警，提醒工作人员及时采取措施，将该参数恢复到正常范围内。

一般仪表厂家生产的声光报警器多是用单片机实现的，但工业生产过程采用 PLC 控制，就没必要购置声光报警器了，直接通过 PLC 的程序实现声光报警功能即可。

声光报警器可以对多个报警信号进行报警，每路报警信号的工作原理都是一样的。为方便编程与理解，本例仅对一路报警信号进行声光报警编程。在实际工作中，如果有多路报警信号需要报警，实现的方法与一路报警信号是一样的，仅对应的地址不同而已。

1. 控制要求

对声光报警器的控制要求如下。

（1）当报警信号接通，报警灯以 1Hz 频率闪烁，同时蜂鸣器发声。

（2）当报警信号消失，报警灯熄灭，蜂鸣器停止发声。

（3）如果报警信号没有消失，此时工作人员按下复位按钮，则报警灯常亮，蜂鸣器停止发声。

（4）当复位后，报警信号消失，报警灯熄灭。

（5）如果报警信号消失后，再次接通，报警状态同初次接通一样，即报警灯闪亮，蜂鸣器发声。

2. 硬件实现

根据控制要求，PLC 需要有 2 个开关量输入（报警输入、复位按钮），2 个开关量输出（报警灯、蜂鸣器）。PLC 可以选择西门子 S7-200 SMART SR20，接线原理图如图 3-1 所示。

图 3-1 中，KA1、KA2 是继电器，分别控制报警灯和蜂鸣器，也可以直接接 AC 220V 报警灯和蜂鸣器。接继电器的目的是为了检修方便和负载与 PLC 隔离（防止损坏 PLC）。

PLC I/O 地址分配如表 3-1 所示。

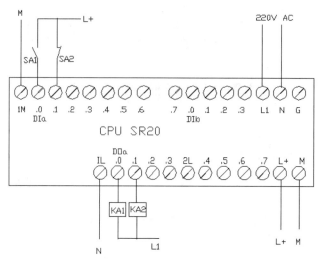

图 3-1　声光报警器接线原理图

表 3-1　声光报警器地址分配表

输	入			输	出		
序　号	名　称	代　号	地　址	序　号	名　称	代　号	地　址
1	报警输入	SA1	I0.0	1	继电器（报警灯）	KA1	Q0.0
2	复位按钮	SA2	I0.1	2	继电器（蜂鸣器）	KA2	Q0.1

3. 软件编程

S7-200 SMART PLC 可采用梯形图、语句表、功能块图和高级语言编程。梯形图直接起源于继电器接触器控制系统，其规则充分体现了电气技术人员的习惯，因此梯形图是 PLC 常用的编程语言。

触点和线圈是梯形图最基本的元素，在本例中，触点 I0.0 对应接在 PLC I0.0 的报警信号输入端。有报警信号时该触点闭合，无报警信号则该触点断开；线圈 Q0.0 对应接在 PLC 的输出继电器（报警灯）Q0.0 上，当线圈前面的触点有闭合通路（有能流流过），则该线圈闭合，使接在 PLC 对应点的继电器闭合（报警灯亮）。

实现上述功能的关键在于输出有 3 种状态，而报警信号只有 2 种状态。为区分输出的 3 种状态，需增加报警记忆/辅助触点 M2.1。M2.1 用来区分报警触点闭合后是否按下复位按钮，在有报警信号且没有按下复位按钮前其值为 1，反之其值为 0。声光报警输入与输出的对应关系如表 3-2 所示。

表 3-2　声光报警器输入/输出状态表

状　态	输　入	输　出	PLC
1	断开	灯灭、蜂鸣器不发声	I0.0=0，M2.1=0
2	接通	灯闪亮、蜂鸣器发声	I0.0=1，M2.1=1
3	接通	灯亮、蜂鸣器不发声	I0.0=1，M2.1=0

从表 3-2 可以看出，蜂鸣器在 I0.0 和 M2.1 同时闭合时，才会发声；而报警灯在 I0.0 和 M2.1

同时闭合时，以 1Hz 频率闪烁，在只有 I0.0 闭合的情况下，报警灯长亮。

为便于程序的读写，先定义符号表，如图 3-2 所示。

			符号	地址	注释
1			置位位数	1	
2			报警输入	I0.0	
3			复位按钮	I0.1	
4			报警记忆	M2.1	
5			报警灯	Q0.0	
6			蜂鸣器	Q0.1	
7		🖵	秒脉冲	SM0.5	
8			复位位数	1	

图 3-2　声光报警器符号表

采用梯形图编程，实现声光报警器控制功能的程序如图 3-3～图 3-6 所示。

在程序中会用到上升沿与下降沿指令。上升沿指令用来检测由 0 变到 1 的正跳变并产生一个宽度为 1 个扫描周期的脉冲；下降沿指令用来检测由 1 变到 0 的负跳变并产生一个宽度为 1 个扫描周期的脉冲。

程序段 1（图 3-3）：当有报警信号输入时，I0.0 上升沿将报警信号用报警记忆（M2.1）锁存起来。之所以采用上升沿置位，是因为当按下复位按钮而报警信号没有消失，如果采用触点的话，M2.1 一直被置位，程序段 2 的复位信号将不起作用，而采用上升沿置位，则只是在报警信号来的上升沿置位，之后不再置位，除非报警信号消除后，再次报警，因此不会影响程序段 2 的复位信号。

程序段 2（图 3-4）：当报警信号消失，I0.0 下降沿将故障信号 M2.1 复位，或按下复位按钮（I0.1）将报警信号记忆 M2.1 复位。之所以采用下降沿来复位，是为了防止无报警信号时一直在复位状态，影响有报警信号时对 M2.1 的置位。

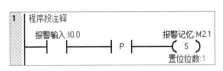

图 3-3　声光报警器控制程序段 1

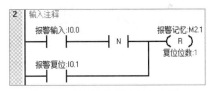

图 3-4　声光报警器控制程序段 2

程序段 3（图 3-5）：当 M2.1 常开触点闭合，蜂鸣器 Q0.1 发声，直到 M2.1 被复位（即报警消失或按下复位按钮），蜂鸣器停止发声。

程序段 4（图 3-6）：M2.1 常开触点与秒脉冲触点 SM0.5 串联，实现当报警记忆没有被复位（即有报警，但记忆没有复位），使报警灯以 1Hz 频率闪烁。报警记忆 M2.1 常闭触点与 I0.0 常开触点并联，实现当报警消失，熄灭报警灯；而有报警存在，在按下复位按钮后（M2.1=0，I0.0=1），报警灯光亮，直到故障消失，熄灭报警灯。

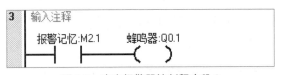

图 3-5　声光报警器控制程序段 3

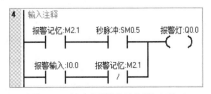

图 3-6　闪光报警器控制程序段 4

SM0.5 是 PLC 内部特殊继电器 SM 的提供秒脉冲功能位，能实现 0.5s 闭合、0.5s 断开，并不断循环。

4. 系统调试

程序编译通过后，将程序下载到 CPU，单击 ▶ 按钮，运行程序，单击 🔍 按钮监控程序运行。当无报警信号输入，则报警灯灭（Q0.0=0），蜂鸣器不发声（Q0.1=0），监控界面如图 3-7 所示。

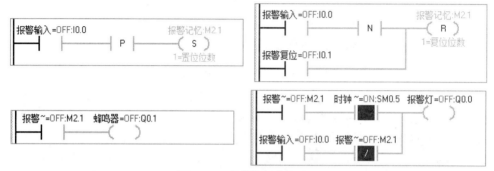

图 3-7　无报警输入监控界面

当有报警信号输入（I0.0=1），则报警灯闪烁，蜂鸣器发声，监控界面如图 3-8 所示。

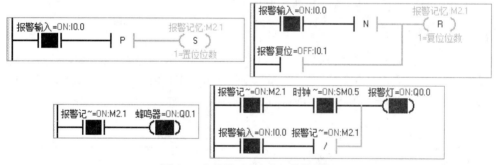

图 3-8　有报警（未复位）监控界面

当有报警信号输入（I0.0=1），按下复位按钮（I0.1=1），则报警灯长亮，蜂鸣器不发声，监控界面如图 3-9 所示。

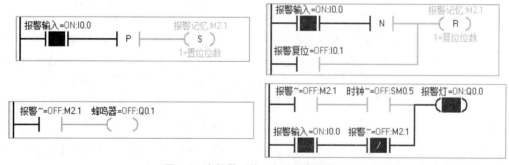

图 3-9　有报警（按下复位）监控界面

当报警信号消失，则报警灯灭（Q0.0=0），蜂鸣器不发声（Q0.1=0），如图 3-7 所示。从监控界面可以看出，该程序能够实现预期的设计要求。

3.2　运料小车往复控制

在工业生产中，经常用运料小车向料仓内送料或将料仓内的物料运送至生产设备。图 3-10 所示是一个供料系统，运料小车负责向 4 个料仓送料，送料线路上从左向右共有 4 个料仓（一～四号仓）位置检测开关。运料小车由电动机控制，电动机正转运料小车向左运行，电动机反转运料小车向右运行。

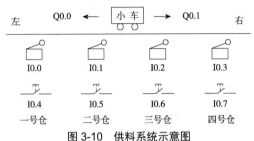

图 3-10　供料系统示意图

1. 控制要求

对运料小车往复控制的要求如下。

（1）一～四号仓分别设置要料按钮，当某仓要料时，运料小车要运行到该仓位置，直至该仓要料信号消失。

（2）当有多个仓要料时，要保证先要料者优先，如果有同时要料情况，采取小号优先原则。

（3）运料小车采用互锁机制，不能同时向左或向右运行。

2. 硬件实现

根据控制要求不难发现，PLC 只要能按控制要求控制电动机正反转就可以了。因此 PLC 需要 2 个 DO（开关量输出），分别控制电动机正转和反转，需要 8 个 DI（开关量输出），分别输入一～四号仓要料信号和位置信号，其 I/O 地址分配如表 3-3 所示。

表 3-3　运料小车往复控制地址分配表

输　入				输　出			
序　号	名　称	代　号	地　址	序　号	名　称	代　号	地　址
1	一号仓位置	SQ1	I0.0	1	正传接触器	KM1	Q0.0
2	二号仓位置	SQ2	I0.1	2	反转接触器	KM2	Q0.1
3	三号仓位置	SQ3	I0.2				
4	四号仓位置	SQ4	I0.3				
5	一号仓要料信号	SA1	I0.4				
6	二号仓要料信号	SA2	I0.5				
7	三号仓要料信号	SA3	I0.6				
8	四号仓要料信号	SA4	I0.7				

根据表 3-3 需要的 I/O 点数，可选用 S7-200 SMART SR20（12DI、8DO），接线原理图如图 3-11 所示。

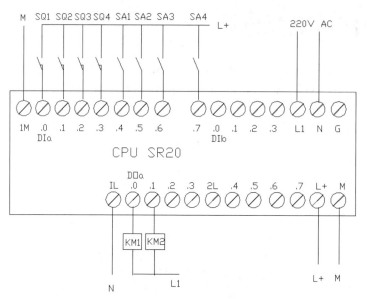

图 3-11　运料小车往复控制接线原理图

3. 软件编程

要实现对运料小车往复控制要求，需判断小车何时向左运行、何时向右运行、何时停，另外还要解决要料响应及顺序问题。

在一个运料过程中，可能同时有多个要料信号发出，而一次只能响应 1 个。为区分要料信号和要料响应信号需使用 8 个触点（I0.4～I0.7、M0.0～M0.3）。

为保证一次只能响应 1 个要料信号，可采用互锁方式来实现，即在任一仓的要料响应信号线圈程序段串入其他 3 个仓响应要料信号的常闭触点。这样既可保证一次只能响应 1 个要料信号，又能保证先要者优先原则，因为一旦先要的要料信号被响应，则其他要料信号将互锁，需要等到先要料信号取消，才能被响应。由于 PLC 程序在每一个扫描周期都是按顺序执行的，因此只要将小号码的响应程序段放在前面，就能实现小号优先原则。

小车运行方向的判断取决于小车的位置和响应的要料信号。如果小车在响应的要料仓左侧，则右行；反之则左行；当小车位置刚好与响应的要料仓位置相同则停止。

由于本设计中小车左、右行判断条件较多，而 S7-200 SMART PLC 又不允许在 1 个程序段内同一个线圈出现次数超过 1 次，因此需要将所有左行（或右行）的逻辑合并化简后放在一个程序段中，可见使用线圈编程比较麻烦。而使用置位/复位指令（S/R），就可以按逻辑顺序分别对左行（或右行）条件进行判断，需要运行则置位，需要停止则复位，这样无需合并与化简，编程较方便。

在程序中，线圈指令是满足条件就处于通电状态，不满足条件就处于断电状态。

置位/复位指令（S/R）与线圈指令的区别是：

（1）元件一旦被置位，就保持在通电状态，除非对它复位；而一旦被复位就保持在断电状态，除非对它置位。

（2）S/R 指令可以互换次序使用，但由于 PLC 采用扫描工作方式，因此写在后面的指令具有优先权。

（3）对计数器和定时器复位，则计数器和定时器的当前值被清零。

边沿脉冲指令有正跳变指令（EU）、负跳变指令（ED）。正跳变指令（EU）用来检测由 0 变到 1 的正跳变并产生一个宽度为 1 个扫描周期的脉冲；负跳变指令（ED）用来检测由 1 变到 0 的负跳变并产生一个宽度为 1 个扫描周期的脉冲。

定义符号表如图 3-12 所示。

		符号	地址	注释
1		一号仓要料响应	M0.0	
2		二号仓要料响应	M0.1	
3		三号仓要料响应	M0.2	
4		四号仓要料响应	M0.3	
5		一号仓位置	I0.0	
6		二号仓位置	I0.1	
7		三号仓位置	I0.2	
8		四号仓位置	I0.3	
9		一号仓要料	I0.4	
10		二号仓要料	I0.5	
11		三号仓要料	I0.6	
12		四号仓要料	I0.7	
13		电动机正转	Q0.0	
14		电动机反转	Q0.1	
15		置位位数	1	
16		复位位数1	2	
17		复位位数2	4	

图 3-12　运料小车往复控制符号表

实现对运料小车往复控制功能的程序如图 3-13～图 3-19 所示，分别说明如下。

程序段 1（图 3-13）：当一号仓要料（如果当前其他 3 个仓无要料响应信号），则置位一号仓要料响应信号；如果有其他仓要料响应信号，则不允许响应。

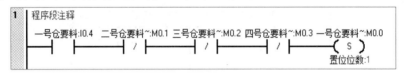

图 3-13　运料小车控制程序段 1

程序段 2（图 3-14）：判断是否响应二号仓要料信号，实现原理与程序段 1 相同。

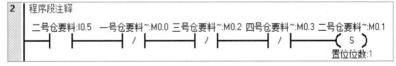

图 3-14　运料小车控制程序段 2

程序段 3（图 3-15）：判断是否响应三号仓要料信号。

图 3-15　运料小车控制程序段 3

程序段 4（图 3-16）：判断是否响应四号仓要料信号。

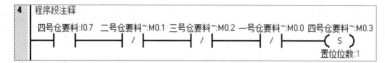

图 3-16 运料小车控制程序段 4

程序段 5（图 3-17）：对小车位置与响应的要料信号相同时的正跳变，停止小车运行并消除响应的要料信号。之所以采用正跳变指令，是因为如果不采用边沿指令，一旦满足上述条件，Q0.0 和 Q0.1 将一直被复位，M0.0～M0.3 也将一直被复位，影响程序的正常执行；如果采用边沿指令则只在满足条件的一个扫描周期复位。

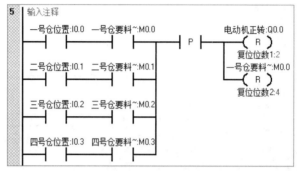

图 3-17 运料小车控制程序段 5

程序段 6（图 3-18）：当四号仓要料而小车在一～三号仓位置、三号仓要料而小车在一或二号仓位置、二号仓要料而小车在一号仓位置时，满足小车向右运行条件，Q0.1 被置位（电动机反转右行），串接了 1 个电动机正转的常闭触点 Q0.0，防止电动机同时正反转（互锁），烧毁电动机。

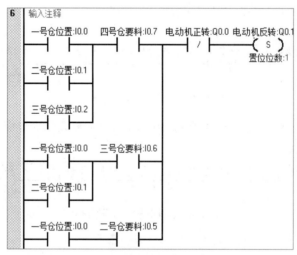

图 3-18 运料小车控制程序段 6

程序段 7（图 3-19）：当一号仓要料而小车在二～四号仓位置、二号仓要料而小车在三或四号仓位置、三号仓要料而小车在四号仓位置时，满足小车向左运行条件，Q0.0 被置位（电动机正转左行），串接了 1 个电动机反转的常闭触点 Q0.1，防止电动机同时正反转（互锁），烧毁电动机。

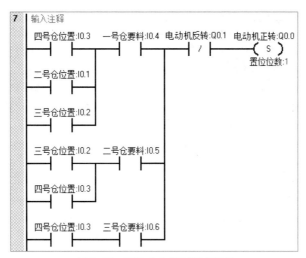

图 3-19　运料小车控制程序段 7

4．系统调试

程序编译通过后，将程序下载到 CPU，单击 ▶ 按钮，运行程序。为监控程序运行，设置该程序状态图表，如图 3-20 所示。

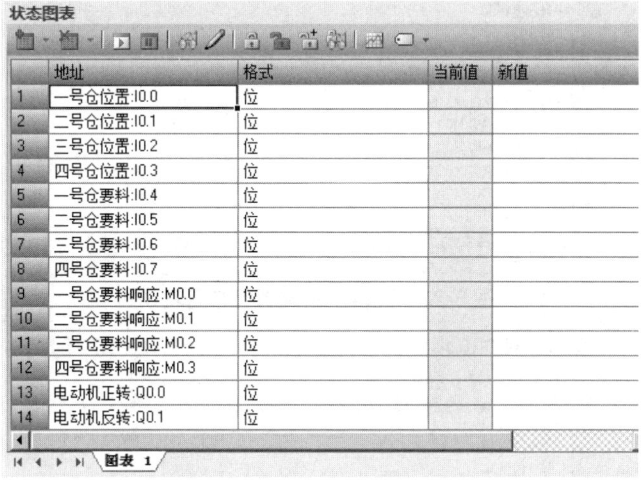

图 3-20　运料小车控制状态图表 1

单击 ▶ 按钮后，当无要料信号输入，则电动机不转（Q0.0=0、Q0.1=0）。

当小车在三号仓位置，只有二号仓要料，其状态图表如图 3-21 所示。可以看到，小车在三号仓位置，二号仓要料响应信号有效，电动机正转。如果此时再输入其他要料信号，状态图表不变。

当电动机运行到二号仓位置，状态图表如图 3-22 所示。可以看到，小车到达二号仓位置，要料信号被复位，电动机停止。

如果此时，四号仓要料，状态图表如图 3-23 所示。可以看到，小车在二号仓位置，四号仓要料响应信号有效，电动机反转。当小车达到四号仓位置，则要料响应信号被复位，电动机停止。

图 3-21　运料小车控制状态图表 2

图 3-22　运料小车控制状态图表 3

图 3-23　运料小车控制状态图表 4

从测试结果可以看出，程序满足设计要求。

3.3　三相异步电动机星-三角启动正反转控制

通常小容量的三相异步电动机均采用直接启动方式。较大容量的三相异步电动机（大于10kW）直接启动时，启动电流较大，会对电网产生冲击，所以必须采用降压方式来启动。

星-三角启动是常用的降压启动方式，启动接线原理如图 3-24 所示。

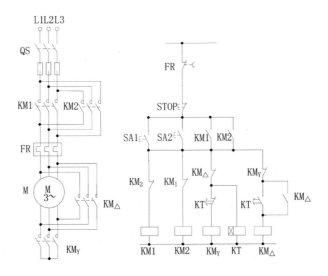

图 3-24　星－三角降压启动的接线原理图

1. 控制要求

对电动机的星-三角启动正反转控制要求如下。

（1）在图 3-25 基础上，增加电动机正反转控制功能。

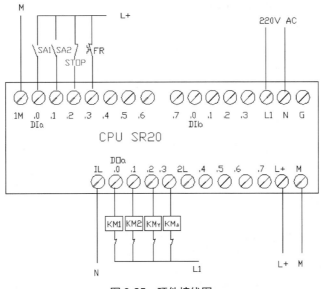

图 3-25　硬件接线图

（2）实现电动机的正转星-三角降压启动和停止，以及反转星-三角降压启动和停止功能。

（3）实现电动机过热保护。

（4）切换时间控制在第 4s。

2. 硬件实现

根据上述设计要求，PLC 的输入要有正转启动按钮、反转启动按钮、停止按钮和热继电器（简称热继）触点，输出要控制正转接触器、反转接触器、星接触器以及角接触器。其地址分配如表 3-4 所示。

表 3-4　正反转星-三角启动地址分配表

输入				输出			
序　号	名　称	代　号	地　址	序　号	名　称	代　号	地　址
1	正转启动按钮	SA1	I0.0	1	正转接触器	KM1	Q0.0
2	反转启动按钮	SA2	I0.1	2	反转接触器	KM2	Q0.1
3	停止按钮	STOP	I0.2	3	星接触器	KM_Y	Q0.2
4	热继电器	FR	I0.3	4	角接触器	KM_Δ	Q0.3

根据地址分配表可以选择 S7-200 SMART SR20（12DI、8DO），接线图如图 3-25 所示。

在图 3-25 中，各交流接触器之所以采用硬件互锁，是因为 PLC 运行速度较快，如果不采用硬件互锁，即使软件设置了互锁功能，在实际工作中也很容易出现交流接触器还没有完全断开，就被互锁的另一个交流接触器闭合的情况，容易引发事故，所以一定要进行硬件互锁。

当然也可以用各交流接触器的状态作为 PLC 的开关量输入来实现互锁，这样就能保证不出现上述的错误动作，但需要增加 PLC 的开关量输入点数。

3. 软件编程

要想实现星-三角启动正反转控制功能，必须实现星-三角切换的 4s 延时。S7-200 SMART PLC 提供定时器指令，能够实现时间继电器的功能。

实现上述功能的关键有 3 点：

（1）电动机正反转分别采用启保停电路，实现电动机的正反转控制。

（2）正反转电路分别串入热继常闭触点，实现过热保护，同时要互锁。

（3）电动机启动后，先启动星接触器，延时 4s 后，断开星接触器，闭合角接触器，同时星、角接触器要互锁。

定义符号表如图 3-26 所示。

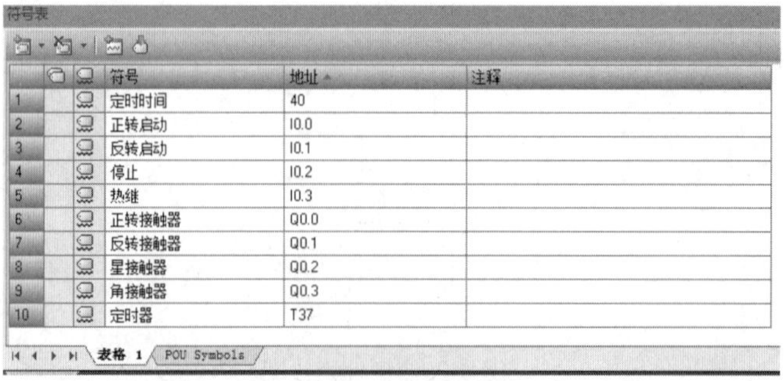
符号表

	符号	地址	注释
1	定时时间	40	
2	正转启动	I0.0	
3	反转启动	I0.1	
4	停止	I0.2	
5	热继	I0.3	
6	正转接触器	Q0.0	
7	反转接触器	Q0.1	
8	星接触器	Q0.2	
9	角接触器	Q0.3	
10	定时器	T37	

表格 1　POU Symbols

图 3-26　星-三角启动正反转控制符号表

实现星-三角启动正反转控制功能的程序如图3-27～图3-31所示，分别说明如下。

程序段1（图3-27）：当按下正转启动按钮（I0.0=1）（若此时没有按下停止按钮，反转接触器没闭合），则正转接触器Q0.0接通，闭合正转接触器，同时触点Q0.0接通，保证正转启动按钮松开后，接触器仍接通，实现自保；如果按下停止按钮，则Q0.0断开，断开正转接触器。在程序段中连接的反转接触器Q0.1是常闭触点，这是为了实现电动机正反转互锁，即只要有一个方向接触器接通，就不允许再闭合另一个方向的接触器。

图 3-27　用接通延时定时器实现星-三角启动正反转程序段 1

程序段2（图3-28）：当按下反转启动按钮，反转接触器接通，原理同上。

图 3-28　用接通延时定时器实现星-三角启动正反转程序段 2

程序段3（图3-29）：当正反转任何一个接触器接通，星接触器Q0.2首先接通。星接触器接通后，当计时时间到，T37常闭触点断开，星接触器Q0.2断开。

图 3-29　用接通延时定时器实现星-三角启动正反转程序段 3

程序段4（图3-30）：当正反转任何一个接触器接通，启动T37接通延时定时器（时间设定为40×100ms=4000ms，即4s）。

图 3-30　用接通延时定时器实现星-三角启动正反转程序段 4

程序段5（图3-31）：计时时间到，T37常开触点闭合，角接触器Q0.3接通，三角接触器闭合，完成星-三角启动。

图 3-31　用接通延时定时器实现星-三角启动正反转程序段 5

星接触器Q0.2和角接触器Q0.3回路分别串入角接触器Q0.3和星接触器Q0.2的常闭触点也是为了互锁。

4. 系统调试

程序编译通过后，将程序下载到 CPU，单击 ▶ 按钮，运行程序，单击 🔲 按钮监控程序运行。当没有启动按钮按下，则所有接触器均断开，电动机不转，监控界面如图 3-32 所示。

图 3-32　未启动星-三角启动正反转控制监控界面

当按下正转启动按钮，正转接触器闭合，延时定时器未到 4s，星接触器闭合，监控界面如图 3-33 所示。

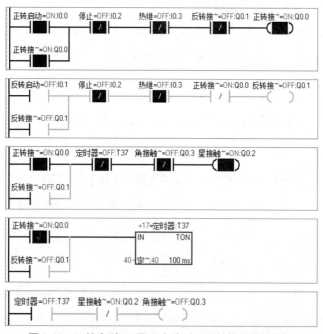

图 3-33　正转未到 4s 星-三角启动正反转控制监控界面

延时定时器定时到 4s 后，断开星接触器，闭合角接触器，监控界面如图 3-34 所示。

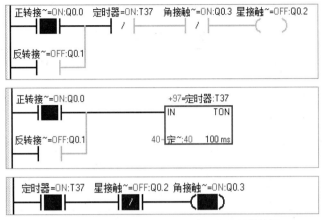

图 3-34 正转到 4s 星-三角启动正反转控制监控界面

如果按下停止按钮或者热继触点闭合，则电动机停止，监控界面如图 3-32 所示。

当按下反转启动按钮，电动机反转，监控界面同正转相似，读者感兴趣的话可以自己去尝试。

注：监控界面中包括状态图表和程序执行过程，主要通过状态图表监控。截取程序首次扫描时的过程，是为了便于读者理解。

从测试结果可以看出，程序能够满足设计要求。

3.4 抢答器设计

企业、学校和电视台等单位经常举办各种竞赛，一般来说，抢答器是举办各种竞赛的必要设备。如果比赛过程中不采用抢答器在某种程度上会因为主持人的主观误判造成比赛的不公平，因此人们开始设计各种能够不依赖主观意愿且能根据比赛规程来判断抢答结果的抢答器。

1. 控制要求

试根据以下比赛规程采用 S7-200 SMART PLC 设计一个抢答器，满足下列要求。

（1）比赛选手分 3 组，由 2 名中学生组成的中学生组、由 1 名大学生组成的大学生组、由 2 名大学教师组成的大学教师组。

（2）在主持人按下抢答按钮后，才能开始抢答。

（3）如果有一组抢到，则其他组无法再抢。

（4）抢答规则是，中学生组只要任何 1 人抢答就有效，而大学教师组需 2 人都抢答才有效。

（5）某组在 10s 内抢到，则该组的指示灯以亮 0.5s、灭 0.5s 的频率闪烁 10s，超过 10s 则该组指示灯常亮。

（6）如果没有在 10s 内抢到，则指示灯只能常亮。

（7）如果主持人按下复位按钮前没有参赛队抢到，则指示灯将不会被点亮。

2. 硬件实现

根据控制要求，要实现上述功能，S7-200 SMART PLC 要有 3 个开关量输出（每组指示灯），

7 个开关量输入（5 个抢答按钮、1 个带自锁的开始抢答按钮、1 个复位按钮），I/O 地址分配见表 3-5 所示。

表 3-5　抢答器地址分配表

输　入				输　出			
序　号	名　称	代　号	地　址	序　号	名　称	代　号	地　址
1	中学生 1 抢答	LA1	I0.0	1	中学生组指示灯	HD1	Q0.0
2	中学生 2 抢答	LA2	I0.1	2	大学生组指示灯	HD2	Q0.1
3	大学生抢答	LA3	I0.2	3	大学教师组指示灯	HD3	Q0.2
4	大学教师 1 抢答	LA4	I0.3				
5	大学教师 2 抢答	LA5	I0.4				
6	开始抢答	LA6	I0.5				
7	复位	LA7	I0.6				

根据地址分配表，可以选择 S7-200 SMART SR20，接线原理图如图 3-35 所示。

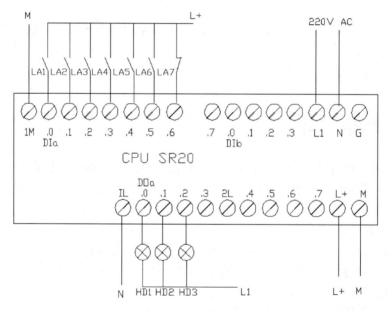

图 3-35　抢答器接线原理图

3. 软件编程

根据控制要求，实现该程序的关键有 3 处。

（1）实现抢答开始后，当任一组抢到，其他组无法再抢到。

（2）实现抢答规程。

（3）实现 10s 内抢到组指示灯的闪烁及 10s 后灯常亮的逻辑。

关键 1：实现较容易，在每组抢到的程序中，只要串入开始按钮的常开触点及其他组抢答按钮的常闭触点即可。这样各组只有在抢答开始及其他组没有抢到的前提下才能抢到，否则无法抢到。

关键 2：把中学生组 2 位选手的抢答按钮触点并联就能实现任一选手抢到均有效；而把大学教师组 2 位选手的抢答按钮触点串联就能实现只有 2 位选手都抢答才有效。

关键 3：首先在抢答开始要设有 1 个 10s 定时器，来控制 10s 前后抢到组的指示灯亮起方式的不同，其次是实现抢到组的指示灯在 10s 内以亮 0.5s、灭 0.5s 的频率闪烁。

关于定时器在前面已经介绍过了，实现灯的亮 0.5s、灭 0.5s 也可以采用定时器，程序如图 3-36 所示。

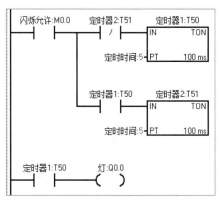

图 3-36　灯闪烁控制程序

上述灯闪烁控制程序的原理是，当闪烁允许有效（M0.0=1），因定时器 T51 定时时间未到，T51 常闭触点闭合，故定时器 T50 导通；

当定时器 T50 的当前值达到设定值时，T50 的常开触点闭合，这时定时器 T51 被启动，开始计时；

当定时器 T51 的当前值达到设定值时，定时器 T51 的常闭触点断开，复位定时器 T50；

定时器 T50 复位后，其常开触点断开，复位定时器 T51；

定时器 T51 复位后，T51 常闭触点闭合，故定时器 T50 导通；开始新一轮循环，使灯（Q0.0）闪烁。灯亮的时间取决于 T51 的定时时间，而灭的时间取决于 T50 的定时时间。

而本例中指标灯的亮灭时间也各为 0.5s，可以采用上述方法，也可以采用特殊继电器 SM 来实现。S2-200 SMART PLC 提供了具有特殊功能的辅助继电器，可以实现某些特殊功能。特殊继电器 SM 的这些功能有：

SM0.0：运行监控，在运行过程中始终为 1。

SM0.1：首次扫描为 1，以后为 0，常用来对程序初始化，属于只读型。

SM0.2：当 RAM 数据丢失时为 1，保持 1 个扫描周期，可作为错误存储器位。

SM0.3：开机进入 RUN 时，保持一个扫描周期，可在不停电情况下代替 SM0.1 的功能。

SM0.4：分脉冲，30s 闭合、30s 断开。

SM0.5：秒脉冲，0.5s 闭合、0.5s 断开。

SM0.6：扫描时钟脉冲，闭合 1 个扫描周期/断开 1 个扫描周期。

SM0.7：此位适用于具有实时时钟的 CPU 型号。如果实时时钟设备的时间在上电时复位或丢失，则 CPU 将此位设置为 TRUE 并持续 1 个扫描周期。程序可将此位用作错误存储器位或用来调用特殊启动序列。

从上述特殊继电器中，可以发现通过 SM0.5 能实现灯亮 0.5s、灭 0.5s 的功能。

定义的符号表如图 3-37 所示。

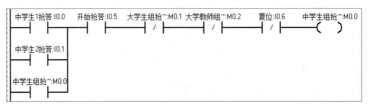

图 3-37　抢答器符号表

实现上述功能的程序如图 3-38～图 3-42 所示。

程序段 1（图 3-38）：是中学生组抢答的条件，即当抢答开始，中学生中任何 1 位抢到（其他组还没抢到的前提下），中学生组抢到有效。

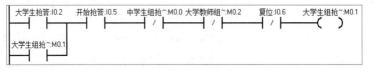

图 3-38　抢答器控制程序段 1

程序段 2（图 3-39）：是大学生组抢答的条件，即当抢答开始，大学生抢到（其他组还没抢到的前提下），大学生组抢到有效。

图 3-39　抢答器控制程序段 2

程序段 3（图 3-40）：是大学教师组抢答的条件，只有大学教师 2 人都抢答（其他组还没抢到的前提下），大学教师组抢到有效。

图 3-40　抢答器控制程序段 3

程序段 4（图 3-41）：当抢答开始，计时 10s。

图 3-41　抢答器控制程序段 4

程序段 5（图 3-42）：是对各组指示灯的控制，当某一组抢到，该组指示灯亮，在定时器定时时间还没到（10s 内），定时器常开触点断开，指示灯通过 SM0.5 实现灯的闪烁；计时时间到 10s 后，定时器常开触点闭合，指示灯常亮。

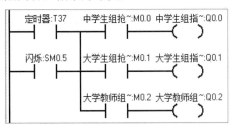

图 3-42　抢答器控制程序段 5

4. 系统调试

程序编译通过后，将程序下载到 CPU，单击 ▶ 按钮，运行程序，单击 🔲 按钮监控程序运行。当开始抢答按钮没有按下，任何组都无法抢答到；当按下开始抢答按钮，中学生任何一人抢答，中学生组抢答到信号有效，监控界面如图 3-43 所示。可以看到，当抢答开始，中学生任何一人抢答，均能使"中学生组抢到"有效并自保，此时按下其他任何一组的抢答灯均无效。大家可以做其他组的抢答监控测试，结论应与控制要求一致。

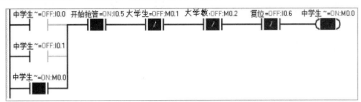

图 3-43　抢答器控制监控界面 1

当某组抢答到（如中学生组），在 10s 内指示灯的监控界面如图 3-44 所示。可以看出，中学生组抢到后 10s 内，由于定时器触点没有闭合，第一组指示灯受 SM0.5 通断控制而闪烁。

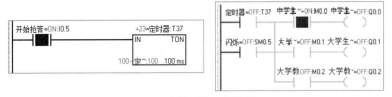

图 3-44　抢答器控制监控界面 2

计时器计时到 10s 后，监控界面如图 3-45 所示。可以看出，中学生组抢答到 10s 后，由于定时器触点闭合，中学生组指示灯变为常亮。

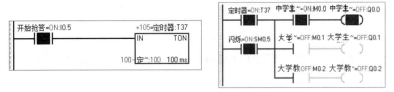

图 3-45　抢答器控制监控界面 3

监控结果可以表明该程序能满足控制要求。

3.5 提升机控制

在工业生产中，很多固态物料采用提升机将物料提升至物料仓或生产设备，为防止物料从设备中溢出，常设置料位上限保护；为防止提升机从动辊打滑或堵转，常在从动辊处设置接近开关，来检测从动辊的转动状态，从而控制提升机的运行。

1. 控制要求

某企业采用提升机将皮带输送来的固态物料提升至物料仓，控制要求如下。

（1）提升机的启动与停止通过启动与停止按钮来实现。

（2）当提升机过热，应停止提升机及皮带运行。

（3）物料仓设置上限料位开关，当物料超过上限，料位开关闭合，停止提升机运行，同时停止皮带运行，并发出料位高报警。

（4）提升机从动辊设有接近开关用于检测从动辊转动情况，当从动辊接近开关发送 4 次脉冲信号的时间超过 8s 时，发出从动辊打滑报警信号，并停止提升机及皮带运行。

（5）当从动辊接近开关 5s 未反馈信号，控制系统发出从动辊停转报警信号，并停止提升机及皮带运行。

（6）当从动辊打滑或停止，禁止启动提升机；问题得到处理后，按复位按钮，才允许启动提升机。

2. 硬件实现

根据控制要求，PLC 需要有 6 个开关量输入（启动按钮、停止按钮、料位开关、接近开关、热继和复位按钮），5 个开关量输出（提升机运行、皮带运行、料位高、从动辊打滑、从动辊停止），其 I/O 地址分配如表 3-6 所示。

表 3-6　提升机控制地址分配表

输　入				输　出			
序　号	名　称	代　号	地　址	序　号	名　称	代　号	地　址
1	启动按钮	SA1	I0.0	1	提升机运行	KM1	Q0.0
2	停止按钮	SA2	I0.1	2	皮带运行	KA1	Q0.1
3	料位开关	MC	I0.2	3	料位高	HD1	Q0.2
4	接近开关	SQ1	I0.3	4	从动辊打滑	HD2	Q0.3
5	热继	FR	I0.4	5	从动辊停止	HD3	Q0.4
6	复位按钮	SA3	I0.5				

根据地址分配表，可以选择 S7-200 SMART SR20，接线原理图如图 3-46 所示。

3. 软件编程

定义的符号表如图 3-47 所示。

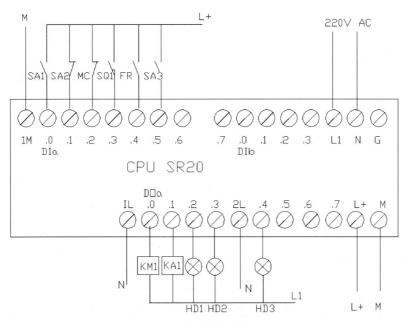

图 3-46　提升机控制接线原理图

		符号	地址 ▲	注释
1		定时时间2	50	
2		计数值	4	
3		定时时间1	80	
4		计数器	C1	
5		启动按钮	I0.0	
6		停止按钮	I0.1	
7		料位开关	I0.2	
8		接近开关	I0.3	
9		热继	I0.4	
10		提升机运行	Q0.0	
11		皮带运行	Q0.1	
12		料位高	Q0.2	
13		从动辊打滑	Q0.3	
14		从动辊停止	Q0.4	
15		定时器1	T37	
16		定时器2	T38	
17		置位位数	1	
18		复位按钮	I0.5	
19		复位位数2	2	
20		有脉冲（5秒内）	M0.0	
21		复位位数1	1	

图 3-47　提升机控制符号表

根据控制要求，实现提升机控制功能的关键有 2 个：

（1）判断从动辊是否打滑。

（2）判断从动辊是否停转（堵转）。

关键 1：判断从动辊打滑的条件是，提升机运行后，在规定的 8s 内没有收到 4 个反馈脉冲。因此需要 1 个定时器和 1 个计数器，当计时时间到而计数器没有计数到 4 个脉冲即判断为打滑。

关键 2：判断从动辊停转（堵转）的条件是提升机运行后，5s 内是否收到从动辊脉冲。因此仅需 1 个定时器，但需注意，堵转时从动辊脉冲可能是高电平也可能是低电平，因此需要 1 个脉冲沿来判断。

实现上述功能的程序如图 3-48～图 3-57 所示。

程序段 1（图 3-48）：当按下启动按钮（I0.0），启动提升机（Q0.0）并自保。当按下停止按钮（I0.1）或出现料位高（Q0.2）、热继（I0.4）、从动辊打滑（Q0.3）及从动辊停止（Q0.4）信号中的任意 1 个，则停止提升机运行。

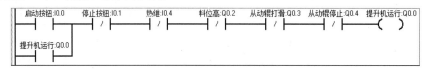

图 3-48　提升机控制程序段 1

程序段 2（图 3-49）：如果料位开关（I0.2=1）闭合，则输出料位高信号。

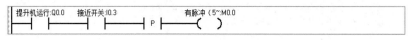

图 3-49　提升机控制程序段 2

程序段 3（图 3-50）：提升机运行期间，如果收到接近开关的上升沿信号，则 M0.0（有脉冲信号）在一个扫描周期有效。之所以采用上升沿信号，是因为从动辊停止的位置，有可能处于低电平，也可能处于高电平。

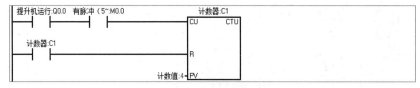

图 3-50　提升机控制程序段 3

程序段 4（图 3-51）：提升机运行期间，对从动辊脉冲计数，当收到 4 个脉冲，复位计数器（C1=1），以便重新计数。因为在 8s 内收到 4 个脉冲，说明从动辊没有打滑，为判断下一个扫描周期是否打滑，所以需要重新计数。

图 3-51　提升机控制程序段 4

程序段 5（图 3-52）：提升机运行期间，启动定时器 1；当在 8s 内收到 4 个脉冲，T37=1，复位定时器 1，重新定时。因为在 8s 内收到 4 个脉冲，说明从动辊没有打滑，为判断下 4 个脉冲是否超时，所以复位定时器 1，重新定时。

图 3-52　提升机控制程序段 5

程序段 6（图 3-53）：在提升机运行期间，定时器 1 定时时间到，即提升机运行了 8s，而计数器没有闭合，说明 8s 内没有收到 4 个脉冲，则可判定从动辊打滑，因而置位从动辊打滑报警。

图 3-53　提升机控制程序段 6

程序段 7（图 3-54）：在提升机运行期间，启动定时器 2，如果 5s 内检测到从动辊脉冲信号，则复位；收不到脉冲信号，则 T38=1。

图 3-54　提升机控制程序段 7

程序段 8（图 3-55）：提升机运行期间，定时器 2 定时时间到（T38=1），则置位从动辊停止报警。因为定时器 2 是收到计数脉冲就复位，如果计时时间到而 5s 内没有收到脉冲信号，说明从动辊停转，发出从动辊停报警。

图 3-55　提升机控制程序段 8

程序段 9（图 3-56）：当料位高或从动辊打滑、停止，复位皮带运行信号，停止皮带运行。

图 3-56　提升机控制程序段 9

程序段 10（图 3-57）：按下复位按钮复位（复位位数 2 位），包括复位 Q0.3（从动辊打滑）和 Q0.4（从动辊停止）。复位后允许提升机重新启动。也就是说，如果不按下复位按钮，一旦有从动辊打滑或从动辊停止，则报警被置位，提升机将无法启动。

图 3-57　提升机控制程序段 10

4. 系统调试

程序编译通过后，将程序下载到 CPU，单击 ● 按钮，运行程序，单击 按钮监控程序运行。当按下启动按钮，提升机启动，监控界面如图 3-58 所示。当没有报警信号时，按下启动按钮，提升机将启动。

图 3-58　提升机控制监控界面 1

当料位开关闭合，监控界面如图 3-59 所示。

当料位开关闭合，发出料位高报警信号时，提升机停止，皮带运行信号被复位。直到料位高报警信号消失后才能启动提升机。

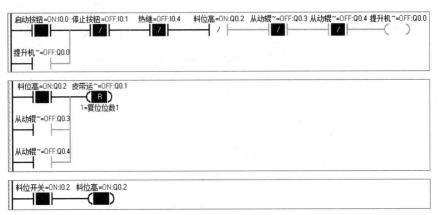

图 3-59   提升机控制监控界面 2

提升机再次启动后，如果 5s 内没有收到从动辊脉冲信号，监控界面如图 3-60 所示。

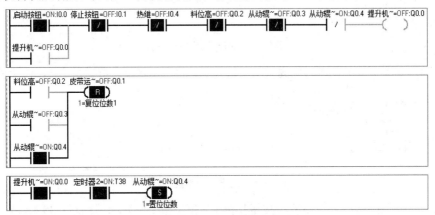

图 3-60   提升机控制监控界面 3

当 5s 内没有收到从动辊脉冲，从动辊停止报警被置位，提升机停止，皮带运行信号被复位。从动辊停止报警置位后无法再启动提升机，直到按下复位按钮。

当 8s 内没有收到 4 个从动辊脉冲信号，监控界面如图 3-61 所示。当 8s 内没有收到 4 个从动辊脉冲信号，从动辊打滑报警被置位，提升机停止，皮带运行信号被复位。置位后无法再启动提升机，直到按下复位按钮。

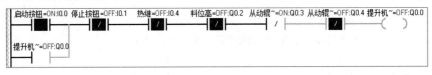

......

图 3-61   提升机控制监控界面 4

实验证明，该程序能满足控制要求。

3.6　配料系统混料控制

在一些工业生产中，需要按配方的要求将几种物料混合均匀，以满足生产要求。有时各种物料需按生产需求量及配方比例分别在计量罐内用计量秤量好，然后按一定顺序排入混合机混合。

1. 控制要求

假设某企业将计量好的 6 种物料分别暂存在 1～6 号计量罐内，当 6 种物料全部计量完成，则按 1～6 号的顺序依次将 6 种物料排入混合机，用混合机混合均匀。

使用 S7-200 SMART PLC 实现上述功能，具体要求如下。

（1）当 6 种物料计量完成信号有效，则开始向混合机排料。

（2）每次只能排 1 种物料，排料顺序为 1～6 号。

（3）排料时只需打开对应计量罐的排料电磁阀即可排料，每种物料排放时间为 1min。

（4）当 6 号物料排料结束时，为防止物料没排尽，所有排料电磁阀开关 3 次（每次 1s），然后全部关闭。

（5）启动混合机，混合 30s，然后停止混合机运行。

2. 硬件实现

根据控制要求，要实现配料系统混料控制功能，S7-200 SMART PLC 要有 2 个开关输入量，7 个开关输出量，其 I/O 地址分配如表 3-7 所示。

表 3-7　配料系统混料控制地址分配表

输　入				输　出			
序　号	名　称	代　号	地　址	序　号	名　称	代　号	地　址
1	配料完成	JLC	I0.0	1	电磁阀/（1 号排料）	KA1	Q0.0
2	热继	FR	I0.1	2	电磁阀/（2 号排料）	KA2	Q0.1
				3	电磁阀/（3 号排料）	KA3	Q0.2
				4	电磁阀/（4 号排料）	KA4	Q0.3
				5	电磁阀/（5 号排料）	KA5	Q0.4
				6	电磁阀/（6 号排料）	KA6	Q0.5
				7	混合机	KM1	Q0.6

根据地址分配表，可以选择 S7-200 SMART SR20，接线原理图如图 3-62 所示。

3. 软件编程

根据控制要求，实现配料系统混料控制功能的关键有 2 点：

（1）如何用简单的方法实现 6 种物料的顺序排料。

（2）如何实现电磁阀开关 3 次。

关键 1：可以使用 6 个定时器，从 1 号物料开始，1 号物料排料完成时间到，排 2 号物料，2 号物料排料完成时间到，排 3 号物料，以此类推，直到 6 号物料排料完成时间到，启动混合程序。

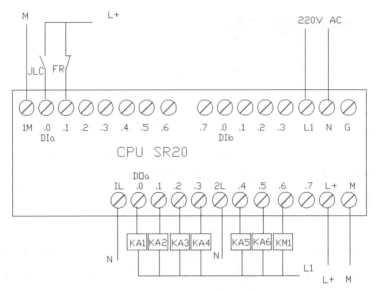

图 3-62   配料系统接线原理图

考虑到它们的排料时间一致，可不可以只用 1 个定时器来实现上述要求？

S7-200 SMART PLC 提供了移位指令，可以实现只用 1 个定时器来控制 6 个排料电磁阀的依次动作。

移位指令有左移和右移两种。该指令在使能输入 EN 端有效时，将输入 IN 左移或右移 N 位，把结果输出到 OUT 中。移出位自动补零。

如果采用左移位指令 SHL，使能输入 EN 端接定时器常开触点，输入、输出端接 QB0，则当定时时间到，输出左移 1 位，即能实现依次打开下一个仓排料电磁阀的功能。但要注意移位后，Q0.0=0，所以要采用置位指令将 Q0.0 置位。

关键 2：可采用定时器与计数器组合，实现开关 3 次。为简化程序，可以采用传送指令，一次将输出全部赋值为 0 或 1 即可实现开关 3 次（详见程序）。

单个数据传送指令 MOV，在使能输入端有效时，把输入端 IN 数据传送到输出端 OUT 所指定的存储单元。

S7-200 SMART PLC 为用户提供了比较指令。比较指令可以对两个数据类型相同的数值进行比较，比较指令支持的数据类型有 4 种：“B”（无符号字节）、“W”（有符号字整数）、“D”（有符号双字整数）、“R”（有符号实数）。

对于 LAD 和 FBD：比较结果为 TRUE 时，比较指令将接通触点（LAD 程序段能流）或输出（FBD 逻辑流）。

对于 STL：比较结果为 TRUE 时，比较指令可装载 1、将 1 与逻辑栈顶中的值进行“与”运算或者“或”运算。

比较指令有 6 种类型：分别是“=”（IN1 等于 IN2）、“<>”（IN1 不等于 IN2）、“>=”（IN1 大于或等于 IN2）、“<=”（IN1 小于或等于 IN2）、“>”（IN1 大于 IN2）、“<”（IN1 小于 IN2）。

定义符号表如图 3-63 所示。

			符号	地址 ▾	注释
1			定时器3	T39	
2			定时器2	T38	
3			定时器1	T37	
4			上电复位	SM0.1	
5			输出	QB0	
6			混合机	Q0.6	
7			电磁阀6	Q0.5	
8			电磁阀5	Q0.4	
9			电磁阀4	Q0.3	
10			电磁阀3	Q0.2	
11			电磁阀2	Q0.1	
12			电磁阀1	Q0.0	
13			开关标志	M0.1	
14			启动标志	M0.0	
15			热继	I0.1	
16			配料完成	I0.0	
17			计数器	C1	
18			定时间3	300	
19			全开	16#3F	
20			定时间1	20	
21			定时间2	10	
22			电磁阀全关	6	
23			计数值	4	
24			复位位数2	2	
25			置位位数	1	
26			跳转标号	1	
27			复位位数	1	
28			清零	0	

图 3-63　配料系统混合控制符号表

实现配料系统混合控制功能的程序，如图 3-64～图 3-73 所示。

程序段 1（图 3-64）：当配料完成信号有效（I0.0=1），置位启动标志，且将 0 赋值给输出 QB0（Q0.0～Q0.6=0）。当 Q0.0～Q0.5=0 时，关闭电磁阀 1～6；当 Q0.6=0，停止混合机运行。

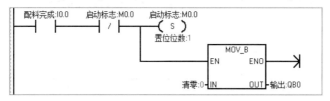

图 3-64　配料系统混料程序段 1

程序段 2（图 3-65）：当计时时间到（T37=1），如果 QB0 不等于 3F（6 个 1），说明 1～6 号电磁阀还没有全部打开，此时将 QB0 左移 1 位（在目前打开的电磁阀基础上，再依次打开 1 个电磁阀）；如果 QB0 等于 3F（6 个 1），说明电磁阀已全部打开，则不再移位。

图 3-65　配料系统混料程序段 2

程序段 3（图 3-66）：在启动状态下，开关标志 M0.1 无效（电磁阀没有全部打开）时，置位 Q0.0，即开 1 号电磁阀（在左移位后，Q0.0 自动补 0，为保证 1 号电磁阀不关闭，需置位 Q0.0），同时启动定时器 T37（2s 动作间隔）。

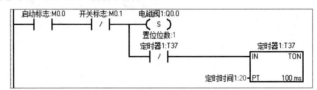

图 3-66　配料系统混料程序段 3

程序段 4（图 3-67）：在启动状态下，如果 QB0 等于 3F（即 QB0.0～QB0.5=1，6 个全开），则置位开关标志位（M0.1）。

图 3-67　配料系统混料程序段 4

程序段 5（图 3-68）：在电磁阀全开状态下，启动开关动作时间定时器 T39（1s）；当定时时间到，复位定时器 T39，重新定时。

图 3-68　配料系统混料程序段 5

程序段 6（图 3-69）：开关定时时间到，如果电磁阀全开，则将 0 赋值给 QB0（电磁阀全关）并跳转至跳转标号 1 处；如果 QB0=0（电磁阀全关），则将 3F 赋值给 QB0（电磁阀全部打开）。

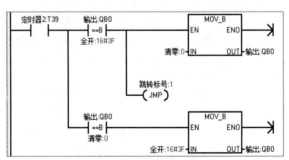

图 3-69　配料系统混料程序段 6

程序段 7（图 3-70）：跳转至标号 1。

图 3-70　配料系统混料程序段 7

程序段 8（图 3-71）：开关定时到，如果 QB0=0（电磁阀全关），则计数器 C1 加 1。

图 3-71　配料系统混料程序段 8

　　程序段 9（图 3-72）：计数到 4 次，说明已经开关 3 次了（见表 3-8），则清除开关标志位和启动标志位，关闭所有电磁阀，启动混合机，同时启动混合机混合时间定时器，延时 30s 到则停混合机。

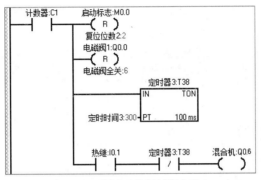

图 3-72　配料系统混料程序段 9

　　程序段 10（图 3-73）：混合机混合时间到，复位计数器。

图 3-73　配料系统混料程序段 10

表 3-8　电磁阀开关次数与 C1 计数值对应表

序　号	电磁阀状态	开关标志	T39 状态	C1 计数值	阀开关次数
1	阀没全开（进料还没结束）	0	0	0	0
2	阀全开（进料刚结束）	1	0	0	0
3	阀全关（进料结束）	1	1	1	0
4	阀全开	1	0	1	开 1 次
5	阀全关	1	1	2	关 1 次
6	阀全开	1	0	2	开 2 次
7	阀全关	1	1	3	关 2 次
8	阀全开	1	0	3	开 3 次
9	阀全关	1	1	4	关 3 次

4. 系统调试

　　程序编译通过后，将程序下载到 CPU，单击 ▶ 按钮，运行程序，为监控程序运行，设置该程序状态图表，如图 3-74 所示。

图 3-74　配料系统混料状态图表 1

单击 ▶ 按钮，当配料完成信号有效时，其状态图表如图 3-75 所示。可以看出，配料完成信号有效，则电磁阀 1 打开（Q0.0=1），定时器 1 开始定时。

图 3-75　配料系统混料状态图表 2

2s 后定时时间到，状态图表如图 3-76 所示。可以看出，第 1 个延时 2s 到，电磁阀 2 打开，定时器再次开始计时。

图 3-76　配料系统混料状态图表 3

如此反复，延时 10s 后，状态图表如图 3-77 所示。可以看出，电磁阀 1～6 号依次被打开。

图 3-77　配料系统混料状态图表 4

启动开关动作定时器，如果开关定时时间到，状态图表如图 3-78 所示。可以看出，开关定时时间到电磁阀 1～6 号全部关闭。

状态图表

	地址	格式	当前值	新值
1	混合机:Q0.7	位	2#0	
2	配料完成:I0.0	位	2#0	
3	热继:I0.1	位	2#0	
4	电磁阀1:Q0.0	位	2#0	
5	定时器1:T37	有符号	+0	
6	计数器:C1	有符号	+1	
7	电磁阀2:Q0.1	位	2#0	
8	定时器2:T39	有符号	+8	
9	电磁阀3:Q0.2	位	2#0	
10	定时器3:T38	有符号	+0	
11	电磁阀4:Q0.3	位	2#0	
12	电磁阀5:Q0.4	位	2#0	
13	电磁阀6:Q0.5	位	2#0	

图 3-78　配料系统混料状态图表 5

再次启动开关动作定时器，如果开关定时时间到，电磁阀将全部打开，如此反复 3 次，状态图表如图 3-79 所示。可以看出，计数器当前值为 3，电磁阀已经全部开 2 次，关闭 3 次。

状态图表

	地址	格式	当前值	新值
1	混合机:Q0.7	位	2#0	
2	配料完成:I0.0	位	2#0	
3	热继:I0.1	位	2#0	
4	电磁阀1:Q0.0	位	2#0	
5	定时器1:T37	有符号	+0	
6	计数器:C1	有符号	+3	
7	电磁阀2:Q0.1	位	2#0	
8	定时器2:T39	有符号	+5	
9	电磁阀3:Q0.2	位	2#0	
10	定时器3:T38	有符号	+0	
11	电磁阀4:Q0.3	位	2#0	
12	电磁阀5:Q0.4	位	2#0	
13	电磁阀6:Q0.5	位	2#0	

图 3-79　配料系统混料状态图表 6

如果再开 1 次，则计数器当前值为 4，启动混合机，状态图表如图 3-80 所示。可以看出，计数器当前值为 4，电磁阀已经开关 3 次后（见表 3-8），全部关闭，混合机启动，同时启动混合机延时定时器，开始计时。

状态图表

	地址	格式	当前值	新值
1	混合机:Q0.7	位	2#1	
2	配料完成:I0.0	位	2#1	
3	热继:I0.1	位	2#1	
4	电磁阀1:Q0.0	位	2#0	
5	定时器1:T37	有符号	+11	
6	计数器:C1	有符号	+4	
7	电磁阀2:Q0.1	位	2#0	
8	定时器2:T39	有符号	+0	
9	电磁阀3:Q0.2	位	2#0	
10	定时器3:T38	有符号	+11	
11	电磁阀4:Q0.3	位	2#0	
12	电磁阀5:Q0.4	位	2#0	
13	电磁阀6:Q0.5	位	2#0	

图 3-80　配料系统混料状态图表 7

延时时间到，状态图表如图 3-81 所示。可以看出，延时 30s 后，混合机关闭。

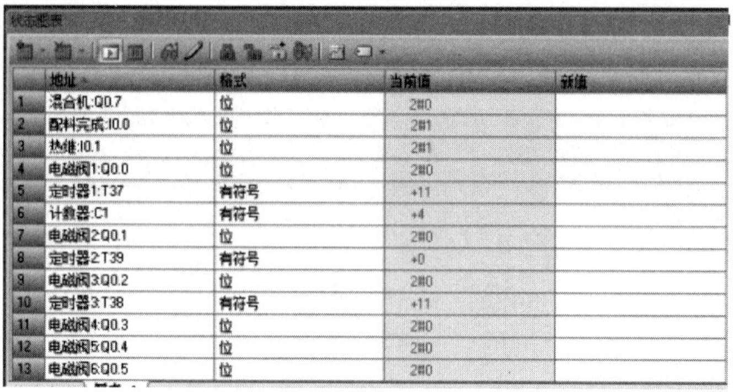

	地址	格式	当前值	新值
1	混合机:Q0.7	位	2#0	
2	配料完成:I0.0	位	2#1	
3	热继:I0.1	位	2#1	
4	电磁阀1:Q0.0	位	2#0	
5	定时器1:T37	有符号	+11	
6	计数器:C1	有符号	+4	
7	电磁阀2:Q0.1	位	2#0	
8	定时器2:T39	有符号	+0	
9	电磁阀3:Q0.2	位	2#0	
10	定时器3:T38	有符号	+11	
11	电磁阀4:Q0.3	位	2#0	
12	电磁阀5:Q0.4	位	2#0	
13	电磁阀6:Q0.5	位	2#0	

图 3-81　配料系统混料状态图表 8

从实验过程中，可以看出程序满足设计要求。

3.7　配料系统放料控制

在一些工业生产中，需要按配方的要求将几种物料混合均匀，满足条件后，将混合好的物料排放到成品仓或直接包装。PLC 放料控制仅是配料系统的一个环节。当混合机混合时间到，混合机气缸开 2s，关 1s，然后常开，进行排料。当排料结束信号有效（即计量秤信号为零），排料结束，停止混合机运行。为防止排料过程中成品仓跑料，设置成品仓上料位，即当收到成品仓上料位报警信号，则禁止排料。为防止混合机气缸卡住，开混合机气缸 8s，如果没有收到开到位信号，则关闭混合机气缸，置位“成品仓上料位”，停止排料；为防止堵料，如果混合机电流超限，则关闭混合机气缸，置位“成品仓上料位”，停止排料。一旦出现“成品仓上料位”报警信号，只有按下取消上料位按钮，才能继续排料。

1. 控制要求

根据对放料过程的分析，控制要求如下：

（1）当混合时间到，成品仓料位计如果没有发出上料位报警，则开始排料。

（2）混合机气缸开 2s，关 1s，然后常开，进行排料。

（3）排料结束，停混合机。

（4）如果开混合机气缸，8s 后没有收到开到位信号，则关混合机气缸，停止排料，发出成品仓上料位报警信号。

（5）如果正常排料时，如果收到混合机电流超限报警，则关混合机气缸，停止排料，发出成品仓上料位报警信号。

（6）如果收到成品仓上料位报警信号，则关混合机气缸，停止排料。按下取消上料位按钮，并且满足上述条件（1）、（2），才能继续排料。

2. 硬件实现

根据控制要求，PLC 需要有 7 个开关量输入（混合时间到、混合机气缸开到位、混合机气缸关到位、混合机超电流、成品仓上料位、排料结束、取消上料位），4 个开关量输出（开混合机气缸、关混合机气缸、成品仓上料位报警、混合机控制），其 I/O 地址分配如表 3-9 所示。

表 3-9　配料系统放料控制地址分配表

输入				输出			
序　号	名　　称	代　号	地　址	序　号	名　　称	代　号	地　址
1	混合时间到	TH	I0.0	1	开混合机气缸	KA1	Q0.0
2	混合机气缸开到位	SQ1	I0.1	2	关混合机气缸	KA2	Q0.1
3	混合机气缸关到位	SQ2	I0.2	3	成品仓上料位报警	HD1	Q0.2
4	混合机超电流	IH	I0.3	4	混合机控制	KM1	Q0.3
5	成品仓上料位	LH	I0.4				
6	排料结束	PH	I0.5				
7	取消上料位	SA	I0.6				

根据地址分配表，可以选择西门子 S7-200 SMAART ST20，接线原理图如图 3-82 所示。

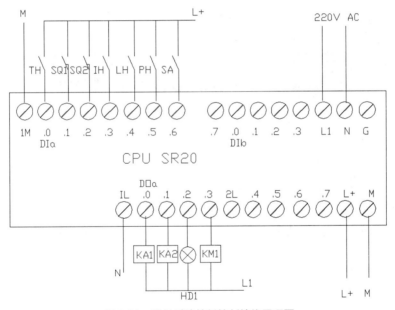

图 3-82　配料系统放料控制接线原理图

3. 软件编程

根据控制要求，实现配料系统放料控制功能的关键有 2 个：

（1）混合机气缸开 2s 关 1s。

（2）对混合机气缸"成品仓上料位"的判断。

关键 1：可以采用 2 个定时器和 1 个计数器来实现，定时时间分别为 2s 和 1s，计数器的设定值为 1。

混合机气缸只有两种状态，要么开，要么关。关的条件是：

● 没有允许排料；

● 当气缸首次关（即第 1 次开到位 2s）；

● 成品仓上料位报警。

因此在程序中只要能确定混合机气缸关的条件就可以了，将上述 3 个条件并联即可实现，如图 3-83 所示。

图 3-83　确定气缸关的逻辑程序段

关键 2：成品仓上料位信号有 3 个来源，分别是：

● 上料位信号（由传感器来）；

● 混合机气缸开 8s 后，开到位信号（开到位行程开关闭合）没有收到。（气缸可能被上部料卡住）；

● 混合机超电流（混合机堵转，可能是满仓了）。

定义的符号表如图 3-84 所示。

		符号	地址 ▽	注释
1		定时器3	T39	
2		定时器2	T38	
3		定时器1	T37	
4		混合机控制	Q0.3	
5		成品仓上料位报警	Q0.2	
6		关混合机气缸	Q0.1	
7		开混合机气缸	Q0.0	
8		允许气缸关标志	M0.1	
9		排料允许	M0.0	
10		取消上料位	I0.6	
11		排料结束	I0.5	
12		成品仓上料位	I0.4	
13		混合机超电流	I0.3	
14		混合机气缸关到位	I0.2	
15		混合机气缸开到位	I0.1	
16		混合时间到	I0.0	
17		计数器	C1	
18		定时时间1	80	
19		定时时间2	20	
20		定时时间3	10	
21		复位位数	1	
22		计数值	1	

图 3-84　配料系统放料控制符号表

实现配料系统放料控制功能的程序如图 3-85～图 3-96 所示。

程序段 1（图 3-85）：当混合时间到（I0.0=1），如果没有成品仓上料位报警，则允许排料（M0.0=1）。

图 3-85　配料系统放料控制程序段 1

程序段 2（图 3-86）：当排料允许状态有效，则混合机气缸开后，启动延时定时器 T37，开始计时 8s。

图 3-86　配料系统放料控制程序段 2

程序段 3（图 3-87）：满仓判断。当混合机气缸开 8s（T37=1）但没开到位、成品仓上料位信号有效（I0.4）或混合机超电流（I0.3）、满足三者任意 1 条，成品仓上料位报警（Q0.2=1）并自保。

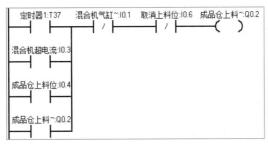

图 3-87　配料系统放料控制程序段 3

程序段 4（图 3-88）：当排料允许状态有效，混合机气缸开到位，启动定时器 T38，开始计时 2s。

图 3-88　配料系统放料控制程序段 4

程序段 5（图 3-89）：当排料允许状态有效，混合机气缸关到位，启动定时器 T39，开始计时 1s。

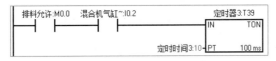

图 3-89　配料系统放料控制程序段 5

程序段 6（图 3-90）：当混合机气缸开到位 2s，计数器加 1，当排料结束信号有效，复位计数器，为下一次排料做准备。

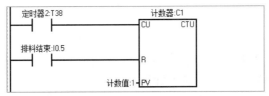

图 3-90　配料系统放料控制程序段 6

程序段 7（图 3-91）：当计数器当前值为 1 的上升沿（即第 1 次开到位 2s），首次关气缸信号有效，气缸关到位 1s 后取消首次关气缸信号。

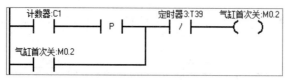

图 3-91　配料系统放料控制程序段 7

程序段 8（图 3-92）：首次关气缸信号有效、非排料期间、成品仓上料位报警则关气缸允许。

图 3-92　配料系统放料控制程序段 8

程序段 9（图 3-93）：当允许关气缸信号无效，开气缸，气缸开到位停止开气缸，并与关气缸互锁。

图 3-93　配料系统放料控制程序段 9

程序段 10（图 3-94）：当允许关气缸信号有效，关气缸，气缸关到位停止关气缸，并与开气缸互锁。

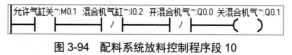

图 3-94　配料系统放料控制程序段 10

程序段 11（图 3-95）：当按下取消上料位按钮，则复位成品仓上料位报警。

图 3-95　配料系统放料控制程序段 11

程序段 12（图 3-96）：当排料结束，则复位混合机，停止混合机运行。

图 3-96　配料系统放料控制程序 12

4. 系统调试

程序编译通过后，将程序下载在 CPU，单击 ▶ 按钮，运行程序，单击 🔍 按钮监控程序运行。当混合时间到信号有效，监控界面如图 3-97 所示。从该监控界面中可以看出，当混合时间到信号有效，则排料允许信号有效，混合机气缸开。

当混合机气缸开到位 2s，监控界面如图 3-98 所示。从该监控界面中可以看出，当开到位 2s，则关闭混合机气缸。

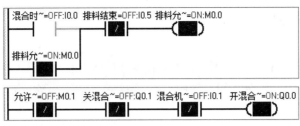

图 3-97　配料系统放料控制监控界面 1

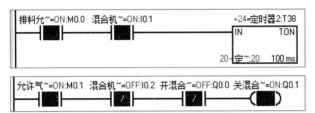

图 3-98　配料系统放料控制监控界面 2

当混合机气缸关到位 1s，监控界面如图 3-99 所示。从该监控界面中可以看出，当关到位 2s，则开混合机气缸。

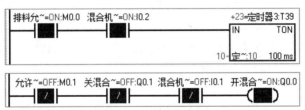

图 3-99　配料系统放料控制监控界面 3

当混合机气缸开 8s 未开到位，监控界面如图 3-100 所示。从该监控界面中可以看出，当混合机气缸开 8s 未开到位，则成品仓上料位报警，关闭混合机气缸。

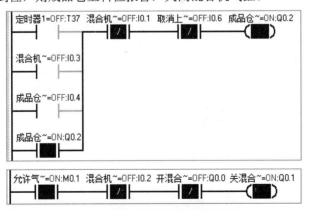

图 3-100　配料系统放料控制监控界面 4

混合机超电流及成品仓上料位高也同图 3-98 一样，当按下取消上料位按钮，才能取消。当排料结束信号有效，排料允许信号无效。

从实验结果来看，该程序能满足控制要求。

3.8 计量秤通信

在工业生产过程中，固态物料的计量经常使用计量秤称重。为统计各种固态物料的瞬时用量和累计用量，PLC 经常要与计量秤进行通信，以读取各种固态物料的瞬时用量和累计用量。

1. 控制要求

某生产企业使用杰曼 GM8804 称重仪对固态物料 A 和 B 进行称重，用 S7-200 SMART PLC 与称重仪进行通信，以记录物料 A 和 B 的当前重量和累计重量。

2. 硬件实现

GM8804C 是针对单秤增量法自动定量包装秤而专门开发的一款称重控制仪表。GM8804C 提供 RS485 串行通信端口，通过串行通信端口向外发送仪表当前工作状态或累计结果，可与上位机或 PLC 相连接。该串行通信端口支持 Modbus 方式，Modbus 通信地址分配如表 3-10 所示。

表 3-10 Modbus 通信地址分配

PLC 地址	含　义
40003、40004	当前重量
40007、40008	累计重量

硬件连接比较简单，只需将称重仪的 RS485 通信端口的 A、B 端连接到 PLC RS485 通信端口的 USB/PPI 电缆（B 引脚 3、A 引脚 8）。

硬件组态：

（1）建立 RS485 硬件通信连接，将 USB/PPI 电缆插入 PLC 左下部的 RS485 端口即可。

（2）在"系统块"窗口中选择 CPU 型号，进行 RS485 网络信息组态；在"导航"栏中单击"系统块"按钮或在项目树中选择"系统块"节点，按 Enter 键，或双击"系统块"节点。

（3）PLC 通信地址设置为 2，波特率（速率）设置为 9.6kb/s。如图 3-101 所示。

图 3-101 设置 RS485 端口地址、波特率

假设 A 物料使用 1 号秤计量，称为 A 秤，通信地址设为 3，波特率设为 9.6kb/s，B 物料使用 2 号秤计量，称为 B 秤，通信地址设为 4，波特率设为 9.6kb/s（此处通信地址在计量秤内设置中）。

3. 软件编程

定义符号表如图 3-102 所示。

		符号	地址	注释
1		B秤数据2	VD350	
2		B秤数据1	VD300	
3		A秤数据2	VD250	
4		A秤数据1	VD200	
5		B秤数据2结果	VB154	
6		B秤数据1结果	VB153	
7		A秤数据2结果	VB152	
8		A秤数据1结果	VB151	
9		通信结果	VB150	
10		运行	SM0.0	
11		读B秤数据2	M10.3	
12		读B秤数据1	M10.2	
13		读A秤数据2	M10.1	
14		读A秤数据1	M10.0	
15		B秤数据2读完	M0.4	
16		B秤数据1读完	M0.3	
17		A秤数据2读完	M0.2	
18		A秤数据1读完	M0.1	
19		通信标志	M0.0	
20		数据地址2	40007	
21		数据地址1	40003	
22		波特率	9600	
23		超时	1000	
24		数据位数	8	
25		B秤地址	4	
26		A秤地址	3	
27		校验方式	2	
28		端口	1	
29		位数	1	
30		读	0	

图 3-102　计量秤通信符号表

实现计量称通信功能的程序如图 3-103～图 3-112 所示。

程序段 1（图 3-103）：程序调用 MBUS_CTRL 指令来初始化、监视或禁用 Modbus 通信。在执行 MBUS_MSG 指令前，程序必须先执行 MBUS_CTRL 指令且不出现错误。该指令执行完后，Done（完成）设置为 ON，将结果寄存在通信标志 M0.0 内，然后再继续执行下一条指令。EN 输入接通时，每次扫描时均执行该指令，否则 Modbus 主站协议将不能正确工作。MBUS_CTRL 的参数介绍如下。

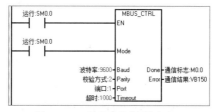

图 3-103　计量秤通信程序段 1

- Mode（模式）：输入的值用于选择通信协议。输入值为 1 时，将 CPU 端口分配给 Modbus 协议并启用该协议；输入值为 0 时，将 CPU 端口分配给 PPI 系统协议并禁用 Modbus 协议。

- Parity（奇偶校验）：应设置为与 Modbus 从站设备的奇偶校验方式相匹配。所有设置使用 1 个起始位和 1 个停止位。允许的值如下：0（无奇偶校验）、1（奇校验）和 2（偶校验）。
- Port（端口）：设置物理通信端口，0（CPU 中集成的 RS485）、1（可选 CM01 信号板上的 RS485 或 RS232）。
- Timeout（超时）：设置等待从站做出响应的毫秒数。值可以设置为 1ms～3276ms。典型值是 1000ms。该参数应设置得足够大，以便从站设备有时间在所选的波特率下作出响应。该值决定着 Modbus 主站设备在发送请求的最后 1 个字符后等待出现响应的第 1 个字符的时长。如果在超时时间内至少收到 1 个响应字符，则 Modbus 主站将接收 Modbus 从站设备的整个响应。
- Done（完成）：当 MBUS_CTRL 指令完成时，设置为 ON，将结果寄存在通信标志 M0.0 内。
- Error（错误）：输出包含指令执行的结果。

程序段 2（图 3-104）：通信标志有效，即完成初始化上升沿，置位读 A 秤数据 1。

图 3-104　计量秤通信程序段 2

程序段 3（图 3-105）：读取 A 物料当前重量，程序调用 MBUS_MSG 指令，启动对 Modbus 从站的请求并处理响应（接收从站数据）。

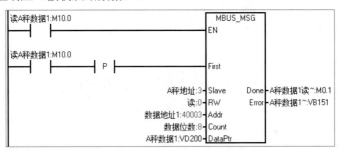

图 3-105　计量秤通信程序段 3

EN 输入和 First 输入同时接通时，MBUS_MSG 指令会向 Modbus 从站发起主站请求。发送请求、等待响应和处理响应通常需要多个 PLC 扫描时间。EN 输入必须接通才能启用发送请求，并且必须保持接通状态，直到指令完成（Done）位结果为 ON。

First 输入以脉冲方式通过边沿检测（例如上升沿），当参数 First 设置为接通，并仅保持 1 个扫描周期，程序就发送请求 1 次。

- Slave（从站）：Modbus 从站设备的地址，允许范围为 0～247，其中地址 0 是广播地址。S7-200 SMART Modbus 从站不支持广播地址。在本程序中的 A 秤地址为 3。
- RW（读/写）：指定是读取还是写入消息，0（读）、1（写）。在本程序中设为 0（读）。
- Addr（地址）：起始 Modbus 地址。本程序为 40003（重量起始地址，见表 3-10）。
- Count（计数）：用于分配要在该请求中读取或写入的数据元素数。对于位数据类型，Count 是位数，对于字数据类型，则表示字数。
- DataPtr（间接地址指针）：指向 CPU 中与读/写请求相关的数据的 V 存储器。对于读请求，将 DataPtr 设置为用于存储从 Modbus 从站读取的数据的第一个 CPU 存储单元；对于写请求，将 DataPtr 设置为要发送到 Modbus 从站的数据的第一个 CPU 存储单元。本程序是将读取的数据存储在首地址（第一个 CPU 存储单元）为 VD200 的 8 个字中。

程序段 4（图 3-106）：在 A 秤数据 1 读完信号有效（M0.1=1）的上升沿，表示 A 秤数据 1 已经读完，要读取 A 秤数据 2（A 物料累计重量），需置位读 A 秤数据 2（M10.1）。由于不能同时执行 MBUS_MSG 指令，所以复位读 A 秤数据 1 标志，同时复位 A 秤数据 1 读完标志，为下一轮读取做准备。

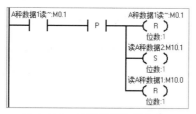

图 3-106　计量秤通信程序段 4

程序段 5（图 3-107）：读 A 秤数据 2（A 物料累计重量），原理同程序段 3（数据地址使用 40007）。

图 3-107　计量秤通信程序段 5

程序段 6（图 3-108）：在 A 秤数据 2 读完信号有效（M0.2=1）的上升沿，复位该信号，并置位读 B 秤数据 1（M10.2），复位读 A 秤数据 2（M10.1）。

图 3-108　计量秤通信程序段 6

程序段 7（图 3-109）：读 B 秤数据 1（B 物料当前重量），原理同程序段（地址使用 4）。

图 3-109　计量秤通信程序段 7

程序段 8（图 3-110）：在 B 秤数据 1 读完信号有效（M0.3=1）的上升沿，复位该信号，并置位读 B 秤数据 2（M10.3），复位读 B 秤数据 1（M10.2）。

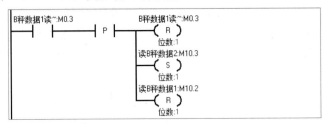

图 3-110　计量秤通信程序段 8

程序段 9（图 3-111）：读 B 秤数据 2（B 物料累计重量），原理同程序段 8（地址使用 40007）。

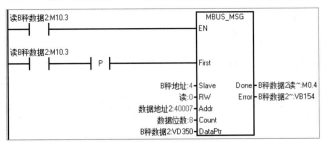

图 3-111　计量秤通信程序段 9

程序段 10（图 3-112）：在 B 秤数据 2 读完信号有效（M0.4=1）的上升沿，复位该信号，并置位读 A 秤数据 1（M10.0），复位读 B 秤数据 2（M10.3），为下一轮读取做准备。

图 3-112　计量秤通信程序 10

4. 系统调试

程序编译通过后，将程序下载到 CPU，单击 ▶ 按钮，运行程序。通过监视 VD200、VD250、VD300、VD350 中的数据，看与计量秤中预读取的数据是否一致，如果一致说明通信成功，否则查看 VB150～VB154 中的信息，找出原因。VB150～VB154 中的信息代码对应的错误信息见表 3-11 和表 3-12。

表 3-11　MBUS_CTRL 通信错误代码

错误代码	说　　明
0	无错误
1	奇偶校验类型无效
2	波特率无效

续表

错误代码	说　　明
3	超时无效
4	模式无效
9	端口号无效
10	信号板端口 1 缺失或未组态

表 3-12　MBUS_MSG 通信错误代码

错误代码	说　　明
0	无错误
1	响应存在奇偶校验错误：传输受到干扰，并且可能收到不正确的数据。该错误通常是由电气故障（例如接线错误或影响通信的电气噪声）引起的
3	接收超时：在超时时间内从站没有做出响应。可能原因为：与从站设备的电气连接存在问题、主站和从站的波特率/奇偶校验的设置不同、从站地址错误
4	请求参数出错：一个或多个输入参数（"从站""读写""地址"或"计数"被设置为非法值）
5	未启用 Modbus 主站：每次扫描时，在调用 MBUS_MSG 之前调用 MBUS_CTRL
6	Modbus 正忙于处理另一请求：某一时间只能有 1 条 MBUS_MSG 指令处于激活状态
7	响应出错：收到的响应与请求不符。这意味着从站设备有问题或错误的从站设备对请求做出了应答
8	响应存在 CRC 错误：传输受到干扰，并且可能收到不正确的数据。该错误通常是由电气故障（例如接线错误或影响通信的电气噪声）引起的
11	端口号无效
12	信号板端口 1 缺失或未组态
101	从站不支持该地址的请求功能
102	从站不支持数据地址："地址"加上"计数"的请求地址范围（数据的字数所占地址）超出从站允许的地址范围
103	从站不支持数据类型：从站设备不支持"地址"类型
104	从站设备故障
105	从站接受消息，但未按时做出响应：MBUS_MSG 发生错误，用户程序应在稍后重新发送请求
106	从站繁忙，拒绝了消息：可以再次尝试相同的请求以获得响应
107	从站因未知原因拒绝了消息
108	从站存储器奇偶校验错误：从站设备有故障

　　VB150 反馈的错误信息如表 3-11 所示，VB151～VB154 反馈的错误信息如表 3-12 所示。VB151～VB154 分别对应 A 秤数据 1、A 秤数据 2、B 秤数据 1 和 B 秤数据 2 的通信错误信息。编程人员可以根据故障代码查找原因，解决问题，直到通信成功。

3.9 模拟量的量纲转换

S7-200 SMART PLC 通过模拟量模块采集变送器信号，不同量程的变送器在相同输入信号的情况下，对应的实际物理量是不一样的。有时需要对采集到的模拟量信号进行量纲转换，用转换后的结果来显示或作为设定值等。

1. 转换要求

（1）采用模拟量输入模块 EM AE04 采集变送器信号。

（2）变送器的量程为 0～10m，输出信号的电流为 4～20mA。

（3）将实际物理量存入 VD100 中。

2. 程序设计

首先要对选用的 CPU 和模块 EM AE04 进行硬件组态（见 2.2.2 节），将变送器输入的信号接入模块 EM AE04 的通道 2，信号类型选择为电流，范围为 0～20mA，变送器输入信号的对应地址为 AIW20。

实现上述功能的关键是要找到模拟量 AIW20 与实际物理量的关系。一般可以先计算出模拟量 AIW20 迁移后信号占满量程的比例，再乘以变送器的量程，即得出该模拟量代表的实际物理量。

已知 AIW20 将 0～20mA 信号转换为整数 0～27648，变送器有用信号从 4mA 开始，4mA 以下信号值是没有意义的，因而要迁移掉 4mA（将信号值减去 4mA），即 AIW20-5530（4mA 对应的整数为 5530）；满量程信号值为 27648-5530。

定义符号表如图 3-113 所示。

	符号	地址	注释
1	量程	10.0	
2	零点	5530.0	
3	满度	27648.0	
4	内码	AIW20	
5	开始转换	I0.0	
6	双整数	VD0	
7	实数	VD10	
8	迁移后	VD20	
9	变换前	VD30	
10	满量程	VD50	
11	实际物理量	VD100	

图 3-113 模拟量转换符号表

实现上述功能的程序如图 3-114 所示。

当开始转换信号有效时，先将 AIW20 转换为实数。因为 AIW20 中的值是整数，为了能够进行浮点运算要转化为实数，所以使用 I_DI 指令先将 AIW20 中的值转换为双整数，转换后的整数存储在 VD0 中，再采用 DI_R 指令将 VD0 中的整数转换为实数，转换后的实数存储在 VD10 中。

调用减法指令 SUB_R 计算 4～20mA 的满量程信号，计算结果存储在 VD50 中。

调用减法指令 SUB_R 计算模拟量的迁移后信号值，计算结果存储在 VD20 中；再调用乘法指令 MUL_R 用迁移后的信号值乘以变送器量程 10，计算结果存储在 VD30 中。

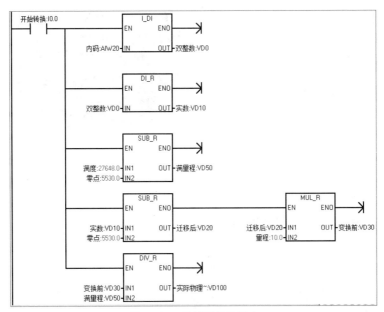

图 3-114　模拟量转换程序

调用除法指令 DIVL_R 用变换前信号值除以满量程信号值，就得到量纲转换后的实际值。将实际值存储在 VD100 中。

3. 程序调试

程序编译通过后，将程序下载到 CPU 中，单击 ▶ 按钮，运行程序，单击 🔍 按钮监控程序运行。当输入的电流为 12mA 时，监控界面如图 3-115 所示。从图中可以看出，当输入 12mA 电流时，VD100 中的数据值为 5.000904，与理论值 5 基本一致。

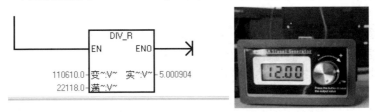

图 3-115　监控界面 1

再输入 8mA 电流，监控界面如图 3-116 所示。从图中可以看出，当输入 8mA 电流时，VD100 中的数据值为 2.505199，与理论值 2.5 基本一致。

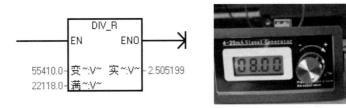

图 3-116　监控界面 2

再输入 16mA 电流，监控界面如图 3-117 所示。从图中可以看出，当输入 16mA 电流时，VD100 中的数据值为 7.49254，与理论值 7.5 基本一致。

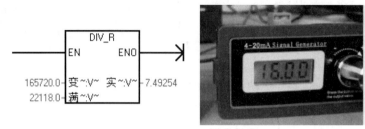

图 3-117 监控界面 3

通过上述实验可以证明，该程序能实现量纲转换。

3.10 高速计数与脉冲输出

某步进电动机使用 PLC 控制，当步进电动机运行信号有效时，步进电动机以 1kHz 的频率运行 30000 步，当步进电动机运行到 1000 步时打开电磁阀，当步进电动机运行到 2500 步时关闭电磁阀，如此反复 12 次。

本程序编程的关键是使用高速计数器对 1kHz 的信号进行计数，以及使用脉冲输出 PLS 指令输出 30000 个 1kHz 的脉冲信号。

S7-200 SMART PLC 提供了高速计数器指令和脉冲输出指令。

1. 高速计数器

高速计数器可对标准计数器无法控制的高速事件进行计数，而标准计数器以受 PLC 扫描时间限制的较低速率运行。当需要对 PLC 外部频率较高的信号进行计数时，可以使用高速计数器定义指令（HDEF）和高速计数器指令（HSC）创建自己的高速计数器例程，也可以使用高速计数器向导简化编程任务。

高速计数器定义指令（HDEF）用于选择特定高速计数器（HSC0～HSC5）的工作模式。不同的模式定义了高速计数器的时钟、方向和复位功能。

高速计数器最多可组态为 8 种工作模式，即表 3-13 中的工作模式 0、1、3、4、6、7、9 和 10。

表 3-13 列出了高速计数器的 8 种工作模式的说明，并为时钟、方向控制和复位功能分配了物理输入地址。

表 3-13 8 种工作模式说明

模式	说明	输入分配		
	HSC0	I0.0	I0.1	I0.4
	HSC1	I0.1		
	HSC2	I0.2	I0.3	I0.5
	HSC3	I0.3		
	HSC4	I0.6	I0.7	I1.2
	HSC5	I1.0	I1.1	I1.3

模式	说明	输入分配		
0	具有内部方向控制的单相计数器	时钟		
1		时钟		复位
3	具有外部方向控制的单相计数器	时钟	方向	
4		时钟	方向	复位
6	具有 2 个时钟输入的双相计数器	加时钟	减时钟	
7		加时钟	减时钟	复位
9	AB 正交相计数器	时钟 A	时钟 B	
10		时钟 A	时钟 B	复位

　　每个计数器（HSC0～HSC5）都有专用于时钟、方向控制、复位的输入，S7-200 SMART CPU 均支持这些功能。对于 AB 正交相计数器，可以选择 1 倍（1x）或 4 倍（4x）的最高计数速率。所有计数器均能最高速率运行，且互不干扰。

　　每个计数器都有一个状态字节，该字节的每一位都反映了这个计数器的工作状态。高速计数器的状态位如表 3-14 所示。

表 3-14　高速计数器的状态位

HSC0	HSC1	HSC2	HSC3	HSC4	HSC5	说　明
SM36.5	SM46.5	SM56.5	SM136.5	SM146.5	SM156.5	当前计数方向状态位：0 为减计数；1 为加计数
SM36.6	SM46.6	SM56.6	SM136.6	SM146.6	SM156.6	当前值等于预设值状态位：0 为不相等；1 为相等
SM36.7	SM46.7	SM56.7	SM136.7	SM146.7	SM156.7	当前值大于预设值状态位：0 为小于或等于；1 为大于

　　定义计数器及计数器模式后，可对计数器的动态参数编程。各高速计数器均有控制字节，可启动或关闭计数器、控制计数方向、装载当前值及预设值。高速计数器的控制字如表 3-15 所示。

表 3-15　高速计数器的控制字

HSC0	HSC1	HSC2	HSC3	HSC4	HSC5	说　明
SM37.3	SM47.3	SM57.3	SM137.3	SM147.3	SM157.3	计数方向控制位：0 为减计数；1 为加计数
SM37.4	SM47.4	SM57.4	SM137.4	SM147.4	SM157.4	向 HSC 写入计数方向控制位：0 为不更新；1 为更新方向
SM37.5	SM47.5	SM57.5	SM137.5	SM147.5	SM157.5	向 HSC 写入新预设值控制位：0 为不更新；1 为更新预设值
SM37.6	SM47.6	SM57.6	SM137.6	SM147.6	SM157.6	向 HSC 写入新当前值控制位：0 为不更新；1 为更新当前值
SM37.7	SM47.7	SM57.7	SM137.7	SM147.7	SM157.7	启用 HSC 位：0 为禁用 HSC；1 为启用 HSC

　　每个高速计数器内部存储着一个 32 位当前值（CV）和一个 32 位预设值（PV）。当前值是计数器的实际计数值，而预设值是当前值达到预设值时选择用于触发中断的比较值。当前值等于预设值时，所有高速计数器模式都支持中断事件。使用外部复位输入的计数器模式支持在

激活外部复位时中断。除模式 0 和模式 1 以外的所有计数器模式均支持计数方向改变时中断。可单独启用或禁用这些中断条件。

每次出现当前计数值等于预设值中断事件时，将装载一个新的预设值，同时设置输出的下一状态。当出现复位中断事件时，将设置输出的第一个预设值和第一个输出状态，并重复此循环。

所有高速计算器的运行方式与相同操作模式一样，但对于每一个高速计数器（HSC0～HSC5）来说，并不支持每一种模式。高速计数器输入连接（时钟、方向和复位）必须使用 CPU 的集成输入通道，信号板和扩展模块上的输入通道不能用于高速计数器。

2. 脉冲输出

脉冲输出（PLS）指令控制高速输出（Q0.0、Q0.1 和 Q0.3）是否提供脉冲串输出（PTO）和脉宽调制（PWM）功能。

若使用 PWM，可通过可选向导来创建 PWM 指令，也可以使用 PLS 指令来创建。

使用 PLS 指令可创建最多 3 个 PTO 或 PWM 操作。PTO 允许用户控制方波（50%占空比）输出的频率和脉冲数量。PWM 允许用户控制占空比可变的固定循环时间输出。

S7-200 SMART CPU 具有 3 个 PTO/PWM 生成器（PLS0、PLS1 和 PLS2），可产生高速脉冲串或脉宽调制波。PLS0 分配给数字输出端 Q0.0，PLS1 分配给数字输出端 Q0.1，PLS2 分配给数字输出端 Q0.3。指定的特殊存储器（SM）单元用于存储每个发生器的以下数据：1 个 PTO 状态字节（8 位值）、1 个控制字节（8 位值）、1 个周期时间或频率值（16 位无符号值）、1 个脉冲宽度值（16 位无符号值）以及 1 个脉冲计数值（32 位无符号值）。

PTO/PWM 状态寄存器分配如表 3-16 所示。

表 3-16　PTO/PWM 状态寄存器分配

Q0.0	Q0.1	Q0.3	状态位说明
SM66.4	SM76.4	SM566.4	PTO 增量计算错误：0 为无错误；1 为因错误而中止
SM66.5	SM76.5	SM566.5	PTO 包络被禁用：0 为非手动禁用的包络；1 为用户禁用的包络
SM66.6	SM76.6	SM566.6	PTO/PWM 管道溢出/下溢：0 为无溢出/无下溢；1 为溢出/下溢
SM66.7	SM76.7	SM566.7	PTO 空闲：0 为进行中；1 为 PTO 空闲

PTO/PWM 控制寄存器分配如表 3-17 所示。

表 3-17　PTO/PWM 控制寄存器分配

Q0.0	Q0.1	Q0.3	控制位说明
SM67.0	SM77.0	SM567.0	PTO/PWM 更新频率/周期时间：0 为不更新；1 为更新频率/周期时间
SM67.1	SM77.1	SM567.1	PWM 更新脉冲宽度时间：0 为不更新；1 为更新脉冲宽度
SM67.2	SM77.2	SM567.2	PTO 更新脉冲计数值：0 为不更新；1 为更新脉冲计数
SM67.3	SM77.3	SM567.3	PWM 时基：0 为 1μs/时标；1 为 1ms/刻度
SM67.4	SM77.4	SM567.4	保留
SM67.5	SM77.5	SM567.5	PTO 单/多段操作：0 为单段；1 为多段
SM67.6	SM77.6	SM567.6	PTO/PWM 模式选择：0 为 PWM；1 为 PTO
SM67.7	SM77.7	SM567.7	PWM 使能：0 为禁用；1 为启用

PTO/PWM 生成器和过程映像寄存器共同使用 Q0.0、Q0.1 和 Q0.3。若在 Q0.0、Q0.1 或 Q0.3 端激活 PTO 或 PWM 功能，PTO/PWM 生成器将控制输出，从而禁止输出点的正常用法。输出波形不会受过程映像寄存器状态、输出点强制值或立即输出指令执行的影响。若未激活 PTO/PWM 生成器，则重新交由过程映像寄存器控制输出。过程映像寄存器决定输出波形的初始和最终状态，确定波形是以高电平还是低电平开始和结束。

根据控制要求，该 PLC 的输入点有 2 个，即高速计数脉冲（I0.0）和运行（I0.1）；输出也是 2 个，脉冲输出（Q0.0）和电磁阀（Q0.1）。高速计数脉冲由脉冲输出引入。定义的符号表如图 3-118 所示。

下面分别介绍实现上述功能的主程序、子程序和中断程序。

实现上述功能的主程序段 1 如图 3-119 所示。

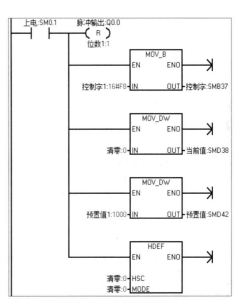

图 3-118　高速计数与脉冲输出符号表　　　　图 3-119　主程序段 1

主程序段 1：在上电扫描周期将 Q0.0 复位，这是脉冲输出功能的需要；初始化高速计数器 HSC0，即控制字 SMB37 值为 F8（即 11111000），SMB37.7=1 表示允许 HSC，SMB37.6=1 表示更新当前值，SMB37.5=1 表示更新预设值，SMB37.4=1 表示更新方向，SMB37.3=1 表示加计数（详见表 3-15）；将 0 赋值给 SMD38，设置初始值为 0；将 1000 赋值给 SMD42，设置预置值为 1000；调用 HDEF，定义 HSC0，工作模式为 0。

主程序段 2（图 3-120）：运行时，闭合开关量输入点 I0.1（I0.1=1），调用子程序 SBR_0 和子程序 SBR_1。

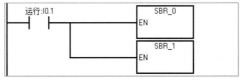

图 3-120　主程序段 2

子程序 SBR_0 如图 3-121 所示。

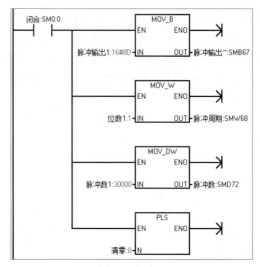

图 3-121　子程序 SBR_0

在子程序 SBR_0 中，用赋值指令将 8D（10001101）送入 SMB67（Q0.0 脉冲输出控制寄存器），这表示：允许 PTO 输出（SMB67.7=1）、时基 1ms（SMB67.3=1）、更新脉冲宽度（SMB67.0=1）、更新脉冲数值（SMB67.2=1）（详见表 3-17）。用赋值指令将 1 送入脉冲周期存储器（SMW68）；用赋值指令将脉冲数 30000 送入 PTO 计数存储器（SMD72）；用 PLS 指令激活脉冲输出（Q0.0）。

子程序 SBR_1 如图 3-122 所示。

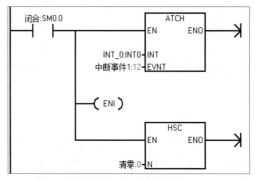

图 3-122　子程序 SBR_1

在子程序 SBR_1 中，调用中断连接指令，将中断事件 12（HSC0 的当前值等于预设值）分配给中断程序 0；开中断；用 HSC 指令激活高速计数器（HSC0）。

中断程序 0 如图 3-123 所示。

在中断程序 0 中，首先置位电磁阀（Q0.1，脉冲数已到 1000）；用赋值指令将 A8 送入 SMB37（高速计数器控制字）来更改控制字，写入新的预设值（详见表 3-15）；用赋值指令将预设值 1500 送入预置值存储器（SMD42）；调用中断连接指令将中断事件 12 送入中断 INT_1；开中断；用 HSC 指令激活高速计数器（HSC0）。

中断程序 1 如图 3-124 所示。

在中断程序 1 中，首先复位电磁阀（Q0.1，脉冲数已到 2500）；用赋值指令将 B0 送入 SMB37（高速计数器控制字）来更改控制字，写入新的预设值（详见表 3-15）；用赋值指令将预设值 1000 送入预置值存储器（SMD42）；调用中断连接指令将中断事件 12 送入中断 INT_0；开中断；用 HSC 指令激活高速计数器（HSC0）。

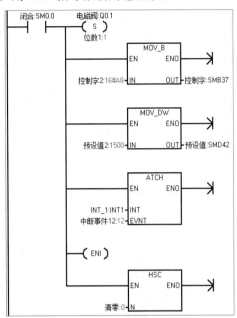

图 3-123　中断程序 0

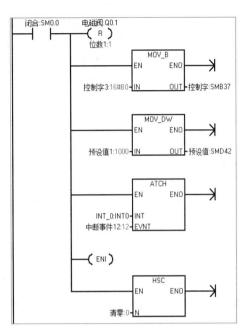

图 3-124　中断程序 1

这样通过中断程序 0 和 1 交替工作，使电磁阀按设计要求开关，直到 12 次，脉冲总数达 30000 次为止。等待下一次运行信号。

3.11　定点供水控制系统

铁路部门会为小型站点建造给水所，给水所内有一套完整的供水设备，以满足车站及车站周边少部分居民的日常生活用水供给。早期的给水所需派专人 24 小时值班，保证供水所正常运行，长此以往需要极大的人力和物力支出，而供水范围又极为有限，并且为保证供水，水泵需 24 小时工作，产生噪音，对长期值守的工作人员身体健康也有危害。所以要求对给水所的控制系统进行改造，实现无人值守，定点自动供水。工作人员只需定期巡检并作记录，极大地减少了人力成本。

1. 控制要求及硬件设计

给水所供水工艺是采用深井泵向供水箱（或水塔）供水，供水箱（或水塔）内的水由供水泵经供水电磁阀、过滤罐、出水电磁阀和紫外线消毒后，向供水母管提供生活用水。

反冲洗工序是关闭供水电磁阀和出水电磁阀，打开反冲洗电磁阀和排污电磁阀，启动供水泵进行反向冲洗。

定点供水系统的控制要求如下：

（1）当水箱水位低于下限值时，启动深井泵；当水箱水位高于上限值时，停止深井泵运行。

（2）每天早晨、中午和晚上定点启动供水和紫外线消毒功能。

（3）早晨供水时间为 5:30～7:30；中午供水时间为 11:00～13:00，晚上供水时间为 16:00～18:30。

（4）水泵设有过热保护。

（5）每周一的 14 点对过滤罐进行反冲洗，反冲洗时长 30min。

（6）当发生火灾或其他特殊情况需要用水时，可按下紧急启动按钮（带自锁），临时启动供水泵供水；松开紧急启动按钮（自锁）后，停止供水。

（7）当水箱水位低于下限值时，禁止启动供水泵。

（8）当按下紧急启动按钮时，如果刚好在反冲洗期间，要结束反冲洗；在松开紧急启动按钮后，再重新反冲洗。

根据控制要求，实现定点供水控制需要输入点 5 个，输出点 7 个，其 I/O 地址分配如表 3-18 所示。

表 3-18　定点供水控制系统地址分配表

输入				输出			
序　号	名　　称	代　号	地　址	序　号	名　　称	代　号	地　址
1	水箱下限位	XXW	I0.0	1	启动深井泵	KM1	Q0.0
2	水箱上限位	SXW	I0.1	2	启动紫外线消毒	KM2	Q0.1
3	紧急启动按钮	SAT	I0.2	3	启动供水泵	KM3	Q0.2
4	深井泵过热	FR1	I0.3	4	供水电磁阀	KA1	Q0.4
5	供水泵过热	FR2	I0.4	5	出水电磁阀	KA2	Q0.5
				6	反冲洗电磁阀	KA3	Q0.6
				7	排污电磁阀	KA4	Q0.7

根据地址分配表，可以选择西门子 S7-200 SMART ST20 来实现定点供水系统，其接线原理图如图 3-125 所示。

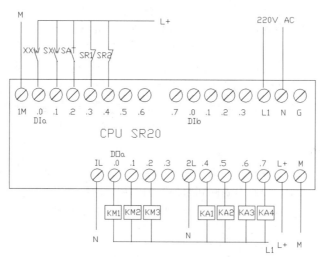

图 3-125　定点供水系统接线原理图

2. 软件编程

实现定点供水控制系统编程的关键是系统实时时钟的设定与控制。S7-200 SMART PLC 提供的时钟指令可以非常方便地实现上述控制要求。

读取实时时钟指令 READ_RTC 用于从 CPU 读取当前时间和日期，并将其装载到从字节地址 T 开始的 8 字节时间缓冲区中。该指令不接受无效日期，例如，如果输入 2 月 30 日，则会发生非致命性时钟错误（0007H）。

所有日期和时间值必须使用 BCD 格式表示（例如，16#12 代表 2012 年）。00～99 的 BCD 值可表示 2000～2099 年。

从字节地址 T 开始的 8 字节时间缓冲区格式如表 3-19 所示。

表 3-19　时钟缓冲区格式

T	T+1	T+2	T+3	T+4	T+5	T+6	T+7
年 00～99	月 10～12	日 01～31	小时 00～23	分钟 00～59	秒 00～59	0	星期 1～7

将时钟缓冲区的首地址设为 VB100，则 VD103 中存储的就是系统时间（小时+分钟），通过使用比较指令，比较系统时间与定点启停时间的大小，就能实现定点供水。

VB107 中存储的是星期数，当 VB107=1 时，就表示是周一，再通过比较指令选择时间段就能实现定点反冲洗。

定义符号表如图 3-126 所示。

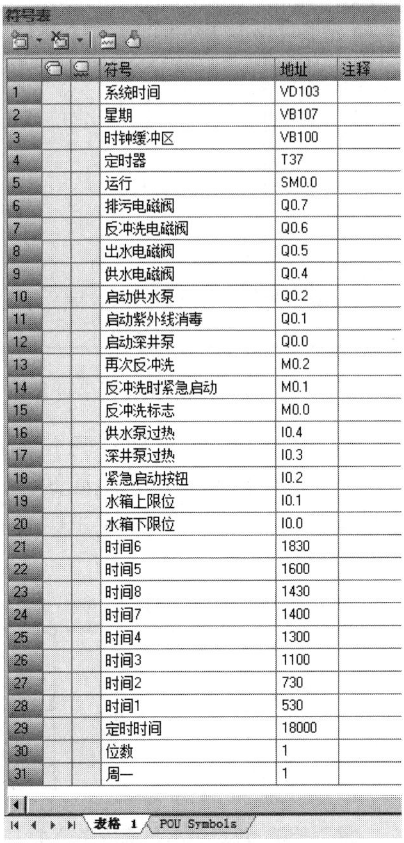

符号表

	符号	地址	注释
1	系统时间	VD103	
2	星期	VB107	
3	时钟缓冲区	VB100	
4	定时器	T37	
5	运行	SM0.0	
6	排污电磁阀	Q0.7	
7	反冲洗电磁阀	Q0.6	
8	出水电磁阀	Q0.5	
9	供水电磁阀	Q0.4	
10	启动供水泵	Q0.2	
11	启动紫外线消毒	Q0.1	
12	启动深井泵	Q0.0	
13	再次反冲洗	M0.2	
14	反冲洗时紧急启动	M0.1	
15	反冲洗标志	M0.0	
16	供水泵过热	I0.4	
17	深井泵过热	I0.3	
18	紧急启动按钮	I0.2	
19	水箱上限位	I0.1	
20	水箱下限位	I0.0	
21	时间6	1830	
22	时间5	1600	
23	时间8	1430	
24	时间7	1400	
25	时间4	1300	
26	时间3	1100	
27	时间2	730	
28	时间1	530	
29	定时时间	18000	
30	位数	1	
31	周一	1	

表格 1　POU Symbols

图 3-126　定点供水系统符号表

实现定点供水系统控制要求的程序如图 3-127～图 3-136 所示。

程序段 1（图 3-127）：当水箱水位低于下限值时，启动深井泵；当水箱水位高于上限值时，停止深井泵运行；如果深井泵过热则停止深井泵运行。

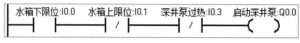

图 3-127　定点供水系统程序段 1

程序段 2（图 3-128）：实时读取系统时间，将系统时间存入首地址为 VB100 的连续 8 个字节的时钟缓冲区内。星期值地址存入 VB107，小时＋分钟地址存入 VB103。

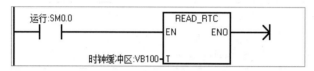

图 3-128　定点供水系统程序段 2

程序段 3（图 3-129）：在 VD103 内存储的是系统时间（小时+分钟）。当系统时间晚于 5:30 早于 7:30，启动早晨供水；当系统时间晚于 11:00 早于 13:00，启动中午供水；当系统时间晚于 16:00 早于 18:30，启动晚上供水。在紧急情况下，按下紧急启动按钮，启动供水泵供水，松开紧急启动按钮则停止供水；当供水泵过热或水箱水位低于下限值时停止供水。

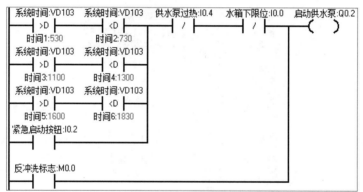

图 3-129　定点供水系统程序段 3

程序段 4（图 3-130）：如果启动供水泵，只要系统不处于反冲洗状态和再次反冲洗状态，则同时启动紫外线消毒，开启供水电磁阀和出水电磁阀；如果处于反冲洗状态或再次反冲洗状态下，则启动供水泵进行反冲洗，同时关闭供水电磁阀和出水电磁阀，关闭紫外线消毒功能。

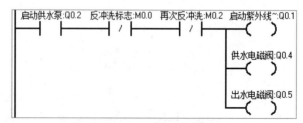

图 3-130　定点供水系统程序段 4

程序段 5（图 3-131）：当星期值为周一时，系统时间早于 14:00 晚于 14:30，则反冲洗标志有效。如果反冲洗过程中，刚好遇上按下紧急启动按钮（M0.1=1），则断开反冲洗标志。

图 3-131　定点供水系统程序段 5

程序段 6（图 3-132）：在反冲洗标志或再次反冲洗有效下，开启反冲洗电磁阀和排污电磁阀。

图 3-132　定点供水系统程序段 6

程序段 7（图 3-133）：如果在反冲洗标志有效时，按下紧急启动按钮，则在上升沿置位反冲洗时紧急启动标志（M0.1=1）。

图 3-133　定点供水系统程序段 7

程序段 8（图 3-134）：紧急启动按钮松开瞬间，复位反冲洗时紧急启动标志，同时置位再次反冲洗标志。

图 3-134　定点供水系统程序段 8

程序段 9（图 3-135）：在再次反冲洗标志有效时，启动定时器 T37，延时 30 分钟。

图 3-135　定点供水系统程序段 9

程序段 10（图 3-136）：延时时间到，复位再次反冲洗标志，停止再次反冲洗。

图 3-136　定点供水系统程序段 10

3.12　小结

　　无论 PLC 的程序有多么复杂，都是由一些简单的实用程序组合而成。

　　通过对控制要求的分析，找出实现控制要求需要哪些简单实用程序，它们之间连接的关系。之后先编写简单实用程序，然后根据它们的连接关系，将它们连接起来，就能实现预期的控制要求。

| 第4章 |

十字路口交通灯控制

为了确保交通秩序和行人安全，一般在每个路口都要安装交通信号灯。按照交通规则红灯亮表示禁止通行，黄灯亮表示未超过停车线的车辆禁止通行，绿灯亮表示允许通行。

4.1 控制要求及硬件设计

现使用 S7-200 SMART PLC 实现十字路口交通灯控制（以东西、南北向为例），控制要求如下。

（1）十字路口共有 12 盏灯，每个东西路口有红、绿和黄灯各 1 盏；

（2）信号灯受启动按钮控制，按下启动按钮，路口信号灯按预定顺序亮灭；按下停止按钮，路口信号灯熄灭。

（3）按下启动按钮后，十字路口信号灯以 60s 为一个循环，周而复始地亮灭。

（4）南北向红灯（下文简称南北红）亮 30s，灭 30s。

（5）东西向红灯（下文简称东西红）灭 30s，亮 30s。

（6）南北向绿灯先灭 30s，再亮 25s，然后在 3s 内亮灭 3 次后熄灭（每秒 1 次）。

（7）东西向绿灯先亮 25s，再在 3s 内亮灭 3 次，然后熄灭。

（8）南北向黄灯在 58s 时亮 2s，其他时间熄灭。

（9）东西向黄灯在 28s 时亮 2s，其他时间熄灭。

根据控制要求，南北向和东西向相同颜色灯的亮灭顺序一致，可以并联，因此 PLC 的输入点数为 2 点（启动按钮、停止按钮），输出点数为 6 点（南北向红、绿和黄灯各 1 点，东西向红、绿和黄灯各 1 点）。PLC I/O 地址分配如表 4-1 所示。

表 4-1　十字路口交通灯控制地址分配表

输　入				输　出			
序　号	名　称	代　号	地　址	序　号	名　称	代　号	地　址
1	启动按钮	SA1	I0.0	1	南北红灯	RD1	Q0.0
2	停止按钮	SA2	I0.1	2	东西红灯	RD2	Q0.1
				3	南北绿灯	GD1	Q0.2
				4	东西绿灯	GD2	Q0.3
				5	南北黄灯	YD1	Q0.4
				6	东西黄灯	YD2	Q0.5

根据地址分配表，可以选择 S7-200 SMART SR20（DO8、DI12）。

4.2 编写控制程序

实现十字路口交通灯控制，可以采用经验设计法、比较指令编程法、顺序控制指令法和启保停电路法等编程方法。本节介绍利用前 3 种编程方法编写十字路口交通灯控制程序。

4.2.1 经验设计法

经验设计法是依据编程者的经验，根据具体控制要求，经过不断修改和完善，甚至调试修改来完成的编辑方法。该方法没有规律可循，具有一定的试探性和随意性，实现控制要求的程序并不唯一。

本设计的关键是判断 6 盏灯亮的条件，然后使相应的输出有效。

根据控制任务分析，十字路口交通灯是按照一定顺序循环动作的，十字路口交通灯动作顺序及动作时间如表 4-2 所示。

表 4-2 十字路口交通灯动作顺序及动作时间表

时长/s	南北红灯	东西绿灯	东西黄灯	东西红灯	南北绿灯	南北黄灯
0～25	亮	亮				
25～28	亮	闪亮 3 次				
28～30	亮		亮			
30～55				亮	亮	
55～58				亮	闪烁 3 次	
58～60				亮		亮

为便于程序读写方便，先定义符号表，如图 4-1 所示。

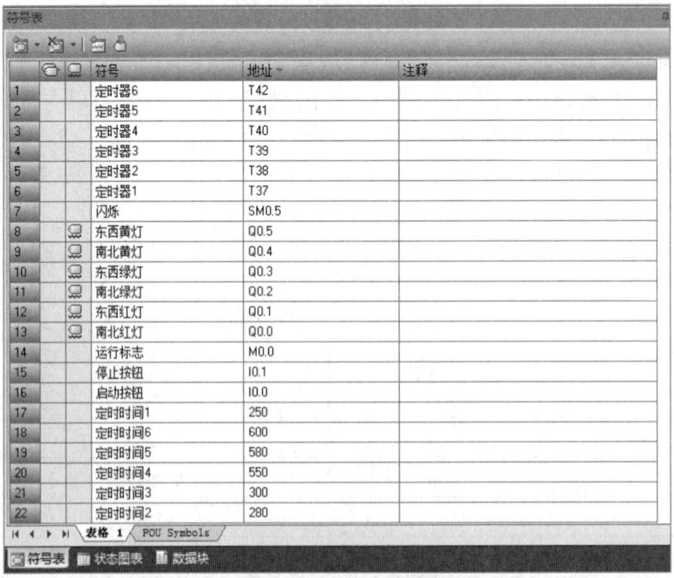
符号表

	符号	地址	注释
1	定时器6	T42	
2	定时器5	T41	
3	定时器4	T40	
4	定时器3	T39	
5	定时器2	T38	
6	定时器1	T37	
7	闪烁	SM0.5	
8	东西黄灯	Q0.5	
9	南北黄灯	Q0.4	
10	东西绿灯	Q0.3	
11	南北绿灯	Q0.2	
12	东西红灯	Q0.1	
13	南北红灯	Q0.0	
14	运行标志	M0.0	
15	停止按钮	I0.1	
16	启动按钮	I0.0	
17	定时时间1	250	
18	定时时间6	600	
19	定时时间5	580	
20	定时时间4	550	
21	定时时间3	300	
22	定时时间2	280	

表格 1 POU Symbols

符号表 状态图表 数据块

图 4-1 经验法符号表

下面将按照程序段来介绍程序。

程序段 1（图 4-2）：实现启保停功能。按下启动按钮（此时未按下停止按钮），运行标志 M0.0 接通，并通过触点 M0.0 自保；如果按下停止按钮，则运行标志 M0.0=0 断开。

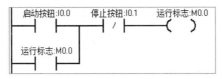

图 4-2　程序段 1

程序段 2（图 4-3）：实现定时回路功能。根据控制要求，6 盏灯的亮灭与时间有关，因此需对这些灯分别定时。定时器 T42 的常闭触点的串入，是为了循环工作。当时间达到 1 个循环即 60s，则 T42 常闭触点断开，复位各定时器；定时器复位后，定时器 T42 常闭触点闭合，开始下一个循环，各定时器又开始重新定时。

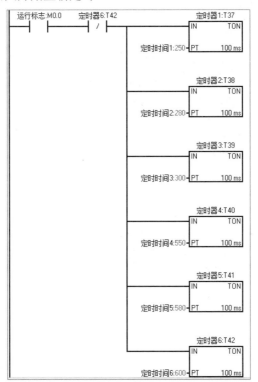

图 4-3　程序段 2

程序段 3（图 4-4）：实现对东西绿灯点亮与熄灭的控制。当 T37 定时时间未到，即前 25s 灯亮；T37 定时时间到（25s 后），通过 SM0.5 控制使灯每秒闪烁 1 次；当东西绿灯闪烁 3 次后，T38 定时时间到，即计时 28s，东西绿灯熄灭。

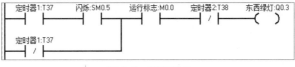

图 4-4　程序段 3

程序段 4（图 4-5）：实现对东西黄灯和南北红灯点亮与熄灭的控制。当 T38 定时时间到，即 28s 后，东西黄灯亮；T39 定时时间到，即 30s 后熄灭东西黄灯；T39 定时时间未到，即前 30s，南北红灯亮，T39 定时时间到，熄灭南北红灯。

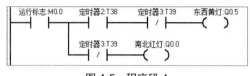

图 4-5　程序段 4

程序段 5（图 4-6）：实现对南北绿灯点亮与熄灭的控制。当 T39 定时时间到，T40 定时时间未到，即 30~55s 灯亮；T40 定时时间到（55s 后），通过 SM0.5 控制使灯每秒闪亮 1 次（55~58s）。T41 定时时间到，即到 58s，南北绿灯熄灭。

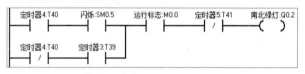

图 4-6　程序段 5

程序段 6（图 4-7）：实现对南北黄灯和东西红灯点亮与熄灭的控制。当 T41 定时时间到，即 58s 后南北黄灯亮；T42 定时时间到，即 60s 后熄灭东西黄灯；T39 定时时间到，即 30s 后，东西红灯亮。

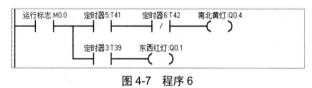

图 4-7　程序 6

程序编译通过后，下载到 CPU。在运行程序时可以通过程序监控，检测 6 盏灯是否按规定要求亮灭，如果符合要求，程序就能实现预期工作要求；否则查看各程序段到哪一步没有按规定动作，修改程序，直到满足要求。

4.2.2　比较指令编程法

比较指令编程法与经验设计法相比，其特点是只采用 1 个 60s 的定时器，用比较指令来判断当前时间在哪个时间区段，然后按照 6 盏灯的动作时间区段，实现对每盏灯亮灭的控制。例如，某灯在 t1、t2 时间段亮，则用定时器当前时间分别与 t1 和 t2 比较，只要定时器当前时间大于 t1 而小于 t2 该灯就点亮。

S7-200 SMART PLC 提供了比较指令。比较指令可以对两个数据类型相同的数值进行比较，可以比较字节、整数、双整数和实数。

为便于程序的读写方便，先定义符号表，如图 4-8 所示。

下面将按照程序段来介绍整个程序。

程序段 1（图 4-9）：实现启保停功能。按下启动按钮，运行标志有效，按下停止按钮，运行标志无效，熄灭所有交通灯。

符号表

			符号	地址 ▾	注释
1		⬜	定时器	T37	
2		⬜	闪亮	SM0.5	
3		⬜	东西黄灯	Q0.5	
4		⬜	南北黄灯	Q0.4	
5		⬜	东西绿灯	Q0.3	
6		⬜	南北绿灯	Q0.2	
7		⬜	东西红灯	Q0.1	
8		⬜	南北红灯	Q0.0	
9			运行标志	M0.0	
10			停止按钮	I0.1	
11			启动按钮	I0.0	
12			时间1	250	
13			定时时间	600	
14		⬜	时间5	580	
15		⬜	时间4	550	
16		⬜	时间3	300	
17		⬜	时间2	280	

I◄ ◄ ► ►I \ 表格 1 ╱ POU Symbols ╱

🖸 符号表　■ 状态图表　■ 数据块

图 4-8　经验法符号表

图 4-9　程序段 1

程序段 2（图 4-10）：运行开始定时 1 个 60s 的定时器，每到 60s 复位 1 个扫描周期，再继续定时。

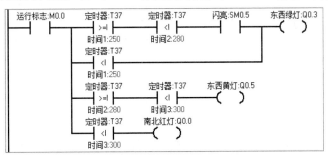

图 4-10　程序段 2

程序段 3（图 4-11）：实现东西绿灯、东西黄灯、南北红灯控制功能。在 0～25s 东西绿灯亮，在 25～28s 东西绿灯闪亮；在 28～30s 东西黄灯亮；在 0～30s 南北红灯亮。

图 4-11　程序段 3

程序段 4（图 4-12）：实现南北绿灯、南北黄灯、东西红灯控制功能。在 30～55s 南北绿灯亮，在 55～58s 南北绿灯闪亮；在 58～60s 南北黄灯亮；在 30～60s 内东西红灯亮。

程序编译通过后，下载到 CPU。在运行程序时可以通过程序监控，检测 6 盏灯是否按规定要求亮灭，如果符合规定，表明程序能够满足控制要求；否则查看各程序段到哪一步没有按规定动作，修改程序，直到满足要求。

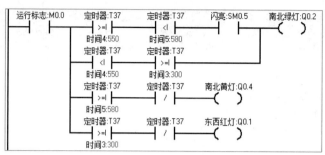

图 4-12　程序段 4

4.2.3　顺序控制指令法

S7-200 SMART PLC 提供了顺序控制编程指令，用于实现较复杂的顺序控制系统。采用顺序功能指令能简化程序设计的难度。

SCR（顺控继电器）指令，可用于提供简单但强大的状态控制编程技术 LAD、FBD 或 STL 程序。应用程序包含一系列必须重复执行的操作时，可以使用 SCR 来结构化程序，使其直接与应用程序相对应。因此，可以快速、轻松地设计和调试应用程序。

顺序控制指令的操作对象为顺控继电器（S），也称为状态器，每个 S 位都可以表示功能图中的一种状态。S 位的范围为 S0.0～S31.7。

从 LSCR 指令开始到 SCRE 指令结束的所有指令组成一个顺控继电器段。LSCR 指令标记一个 SCR 段的开始，当该段的状态器置位时，允许该 SCR 段工作。SCR 段必须用 SCRE 指令结束。当 SCRT 指令的输入端有效时，一方面置位下一个 SCR 段的状态器，以便使下一个 SCR 段开始工作；另一方面又同时使该段的状态器复位，使该段停止工作。

主程序由 PLC 每次扫描时都会按顺序执行一次的指令组成。对于许多应用程序，将主程序在逻辑上划分成一系列将步骤映射到受控过程中的操作步骤（例如一系列机器操作）可能比较恰当。

将程序在逻辑上划分为多个步骤的一种方法是使用 SCR 段。SCR 段可以将程序划分为单个顺序步骤流，或划分为可以同时激活的多个流。可以将单个流有条件地分为多个流，并可以将多个流有条件地重新合并为一个流。

根据控制要求绘制的十字路口交通灯流程图如图 4-13 所示。

从图 4-13 中可以看出十字路口交通灯控制有 7 种状态。

（1）初始状态 S0.0：按下启动按钮，从状态 S0.0 进入到状态 S0.1。

（2）状态 S0.1：置位南北红灯及东西绿灯，同时启动 25s 延时，延时时间到，从状态 S0.1 进入到状态 S0.2。

（3）状态 S0.2：置位南北红灯，东西绿灯闪亮，同时启动 3s 延时，延时时间到，从状态 S0.2 进入到状态 S0.3。

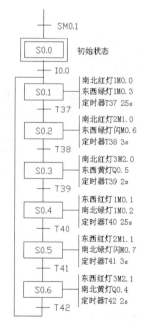

图 4-13　十字路口交通灯流程图

（4）状态 S0.3：置位南北红灯及东西黄灯，同时启动 2s 延时，延时时间到，从状态 S0.3 进入到状态 S0.4。

（5）状态 S0.4：置位东西红灯及南北绿灯，同时启动 25s 延时，延时时间到，从状态 S0.4 进入到状态 S0.5。

（6）状态 S0.5：置位东西红灯，南北绿灯闪亮，同时启动 3s 延时，延时时间到，从状态 S0.5 进入到状态 S0.6。

（7）状态 S0.6：置位东西红灯及南北黄灯，同时启动 2s 延时，延时时间到，从状态 S0.6 返回到状态 S0.1。

定义符号表如图 4-14 所示。

		符号	地址	注释
1		定时器6	T42	
2		定时器5	T41	
3		定时器4	T40	
4		定时器3	T39	
5		定时器2	T38	
6		定时器1	T37	
7		所有状态	SB0	
8		状态7	S0.6	
9		状态6	S0.5	
10		状态5	S0.4	
11		状态4	S0.3	
12		状态3	S0.2	
13		状态2	S0.1	
14		状态1	S0.0	
15		闪亮	SM0.5	
16		上电复位	SM0.1	
17		运行	SM0.0	
18		所有灯	QB0	
19		东西黄灯	Q0.5	
20		南北黄灯	Q0.4	
21		东西绿灯	Q0.3	
22		南北绿灯	Q0.2	
23		东西红灯	Q0.1	
24		南北红灯	Q0.0	
25		停止按钮	I0.1	
26		启动按钮	I0.0	
27		定时时间1	250	
28		定时时间2	30	
29		定时时间3	20	
30		置位位数	1	
31		南北红灯1	M0.0	
32		东西红灯1	M0.1	
33		南北绿灯1	M0.2	
34		东西绿灯1	M0.3	
35		东西红灯2	M1.1	
36		东西红灯3	M2.1	
37		南北红灯3	M2.0	
38		东西绿灯闪	M0.6	
39		南北红灯2	M1.0	
40		南北绿灯闪	M0.7	
41		清零	0	

图 4-14　十字路口交通灯符号表

下面将按照程序段的顺序介绍实现上述流程图的程序。

程序段 1（图 4-15）：完成 PLC 上电复位功能，即熄灭所有交通灯，复位所用的状态器，置位状态器 S0.0，进入状态 S0.0。如果按下停止按钮（I0.1），则熄灭所有交通灯，进入状态

S0.0，等待再次按下启动按钮。

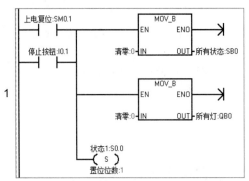

图 4-15　十字路口交通灯控制程序段 1

程序段 2～4（图 4-16）：实现状态 S0.0 功能。按下启动按钮，从状态 S0.0 进入到状态 S0.1。

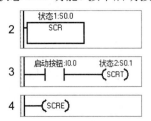

图 4-16　十字路口交通灯控制程序段 2～4

程序段 5～8（图 4-17）：实现状态 S0.1 功能。置位南北红灯及东西绿灯，同时启动 25s 延时，延时时间到，从状态 S0.1 进入到状态 S0.2。

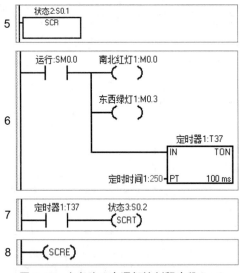

图 4-17　十字路口交通灯控制程序段 5～8

程序段 9～12（图 4-18）：实现状态 S0.2 功能。置位南北红灯，东西绿灯闪亮，同时启动 3s 延时，延时时间到，从状态 S0.2 进入到状态 S0.3。

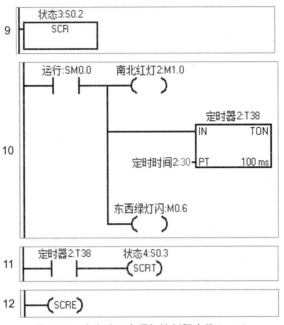

图 4-18　十字路口交通灯控制程序段 9～12

程序段 13～16（图 4-19）：实现状态 S0.3 功能。置位南北红灯及东西黄灯，同时启动 2s 延时，延时时间到，从状态 S0.3 进入到状态 S0.4。

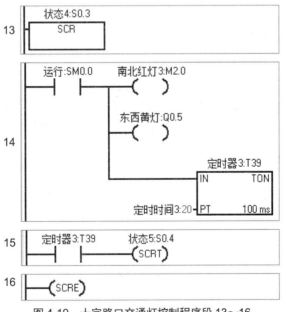

图 4-19　十字路口交通灯控制程序段 13～16

程序段 17～20（图 4-20）：实现状态 S0.4 功能。置位东西红灯及南北绿灯，同时启动 25s 延时，延时时间到，从状态 S0.4 进入到状态 S0.5。

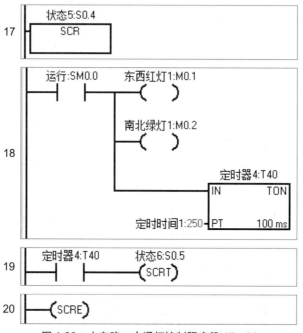

图 4-20　十字路口交通灯控制程序段 17~20

程序段 21~24（图 4-21）：实现状态 S0.5 功能。置位东西红灯，南北绿灯闪亮，同时启动 3s 延时，延时时间到，从状态 S0.5 进入到状态 S0.6。

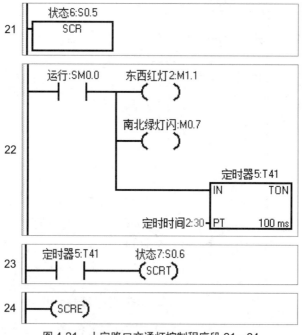

图 4-21　十字路口交通灯控制程序段 21~24

程序段 25~28（图 4-22）：实现状态 S0.6 功能。置位东西红灯及南北黄灯，同时启动 2s 延时，延时时间到，从状态 S0.6 返回到状态 S0.1。

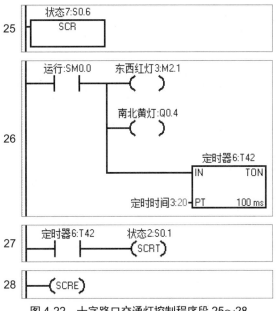

图 4-22 十字路口交通灯控制程序段 25～28

为防止多线圈,将各状态的指示灯用不同的 M 继电器状态位来代替。将所有相同状态的指示灯辅助继电器的状态位并联起来,控制该状态指示灯。

程序段 29(图 4-23):状态 S0.4 时东西红灯亮状态位接通(M0.1=1)、状态 S0.5 时东西红灯亮状态位接通(M1.1=1)、状态 S0.6 时东西红灯亮状态位接通(M2.1=1),这 3 种情况都能使东西红灯接通(Q0.1=1),东西红灯被点亮。

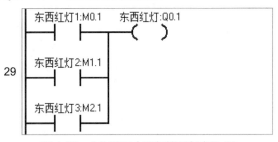

图 4-23 十字路口交通灯控制程序段 29

程序段 30(图 4-24):状态 S0.1 时南北红灯亮状态位接通(M0.0=1)、状态 S0.2 时南北红灯亮状态位接通(M1.0=1)、状态 S0.3 时南北红灯亮状态位接通(M2.0=1),这 3 种情况都能使南北红灯接通(Q0.0=1),南北红灯被点亮。

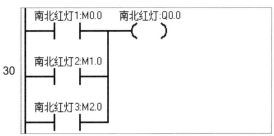

图 4-24 十字路口交通灯控制程序段 30

程序段 31（图 4-25）：当东西绿灯闪亮辅助继电器（M0.6）接通，而特殊继电器 SM0.5 以间隔 0.5s 的频率通断，就使得东西绿灯（Q0.3）以亮 0.5s、灭 0.5s 的方式闪烁；当东西绿灯亮的辅助继电器状态位（M0.3=1）接通，东西绿灯被接通（Q0.3=1），东西绿灯亮。

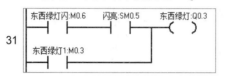

图 4-25　十字路口交通灯控制程序段 31

程序段 32（图 4-26）：当南北绿灯闪亮辅助继电器（M0.7）接通，而特殊继电器 SM0.5 以间隔 0.5s 的频率通断，就使得南北绿灯（Q0.2）以亮 0.5s、灭 0.5s 的方式闪烁；当南北绿灯亮的辅助继电器状态位（M0.2=1）接通，南北绿灯被接通（Q0.2=1），南北绿灯亮。

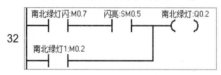

图 4-26　十字路口交通灯控制程序段 32

4.3　系统调试

无论采用哪种编程方法，程序编译通过后，都可以将程序下载到 CPU，通过监控来调试程序。现以顺序控制指令法编制的程序为例，讲解调试过程。

单击 ▶ 按钮，运行程序，单击 按钮可以监控程序运行到哪一种状态。由于每种状态下，只能监控到每个指示灯的辅助继电器位的状态，无法直接看到交通灯是否亮，因此可以建立 6 盏灯的状态图表，单击 ▶ 按钮监控 6 盏灯的状态。

按下启动按钮后（I0.0=1），监控界面如图 4-27 所示。可以看出，程序进入状态 S0.1，东西绿灯亮，南北红灯亮，定时器 T37 启动。

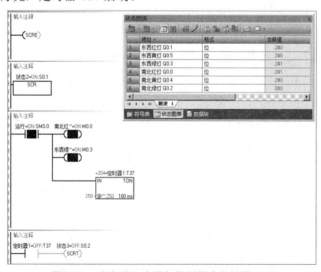

图 4-27　十字路口交通灯控制程序监控界面 1

当定时器 T37 延时时间到，监控界面如图 4-28 所示。可以看出，程序进入状态 S0.2，东西绿灯闪亮，南北红灯亮，定时器 T38 启动。

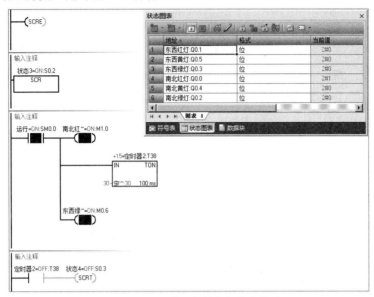

图 4-28　十字路口交通灯控制程序监控界面 2

当定时器 T38 延时时间到，监控界面如图 4-29 所示。可以看出，程序进入状态 S0.3，东西黄灯亮，南北红灯亮，定时器 T39 启动。

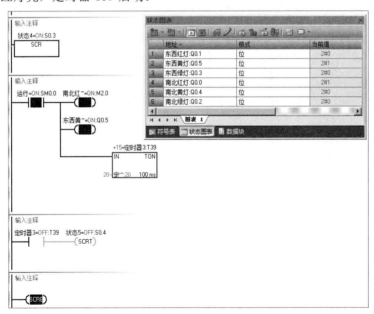

图 4-29　十字路口交通灯控制程序监控界面 3

当定时器 T39 延时时间到，监控界面如图 4-30 所示。可以看出，程序进入状态 S0.4，东西红灯亮，南北绿灯亮，定时器 T40 启动。当定时器 T40 延时时间到，监控界面与图 4-27 相似，只是南北向绿灯亮，东西向红灯亮，这里不再叙述。

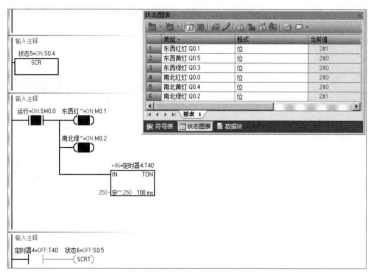

图 4-30   十字路口交通灯控制程序监控界面 4

4.4   小结

交通灯控制是典型的时序控制，编程的关键是确定各交通灯在一个完整的工作周期内亮灭的时间。采用定时器实现一个完整工作周期预期的时间间隔，按照预期的逻辑关系控制每一盏交通灯的亮灭，不断循环就能实现所有交通灯的控制。

实现一个完整工作周期预期的时间间隔，可以采用经验法，即需要确定几个时间间隔，就用几个定时器，通过定时器的触点来按逻辑关系控制交通灯的亮灭。

比较指令法可以将一个完整周期用 1 个定时器来控制（定时时间为 1 个周期），通过比较指令比较定时器的当前时间值的大小来判断到了哪个时间间隔，再按逻辑关系控制交通灯的亮灭。

顺序控制指令法就是将交通灯亮灭的每一次变化作为一个状态，每改变一个状态交通灯就变化一次。在扫描的第 1 周期置位初始状态，然后按每一次状态转换的条件去控制状态的转换。当前时刻只有当前状态有效。

当然，交通灯的控制也可以采用其他控制方法，不再赘述。

| 第5章 |

空调新风控制

空调新风系统是近年来出现的一种新型的补风方式控制系统，其最大的特点就是为空调系统设置能够从外界源源不断地补充新鲜空气的补风环节，即通过对补充进来的新风进行清洁过滤并不断排出室内的废气来保持室内空气的清新。

5.1 控制要求及硬件实现

设计一套基于西门子 S7-200 SMART PLC 的空调新风控制系统，实现对风温的温度控制和新风变量调节阀门的压差控制，其控制要求如下。

（1）温度采用 4 组加热管加热，温度控制在 24℃±1℃。

（2）新风调节阀门共有 5 挡开度（0%、25%、50%、75%、100%），压差控制在 0±30Pa。

（3）各电热管及调节阀门每 5s 调节 1 次。

（4）已知温度变送器量程为 0～100℃，压差变送器量程为 0～±300Pa。

根据控制要求，PLC 的输出应有 6 点（1～4 组加热管的使用及风门电动机正转和反转），6 个输入开关量（自动切换开关、1～5 风门位置行程开关），2 个模拟量输入（出口风温、压差）。其 I/O 分配如表 5-1 所示。

表 5-1 空调新风控制地址分配表

输　　入				输　　出			
序　号	名　　称	代　号	地　址	序　号	名　　称	代　号	地　址
1	自动切换开关	SA1	I0.0	1	一组加热管	KM1	Q0.0
2	0%开度	SQ1	I0.1	2	二组加热管	KM2	Q0.1
3	25%开度	SQ2	I0.2	3	三组加热管	KM3	Q0.2
4	50%开度	SQ3	I0.3	4	四组加热管	KM4	Q0.3
5	75%开度	SQ4	I0.4	5	风门电动机正转	KM5	Q0.4
6	100%开度	SQ5	I0.5	6	风门电动机反转	KM6	Q0.5
7	出口风温	AI1	AIW16				
8	压差	AI2	AIW18				

根据地址分配表，可以选择 CPU SR20（DO8/DI2）及模拟量输入模块 EM AE04，接线原理图如图 5-1 所示。

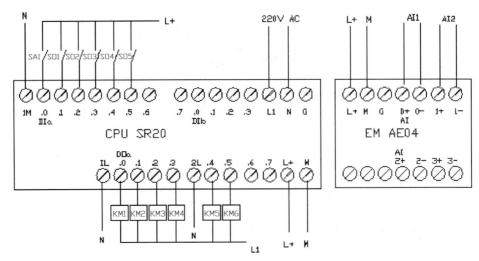

图 5-1 空调新风控制接线原理图

5.2 编写控制程序

控制要求"每 5s 调节 1 次",可以采用时基中断程序来实现,即每隔 5s 中断 1 次。采用上电扫描周期调用子程序来初始化。

S7-200 SMART PLC 有三种程序:主程序、子程序和中断程序。在实际应用中,反复使用的程序可以单独编制成一个程序块,存放在某个区域,在程序执行时,可以随时调用这些程序块,这种程序称为子程序。在本例中,采用子程序,是为了简化主程序,因为只在扫描第 1 周期,执行 1 次初始化子程序。

中断程序是子程序的一种,它是为随机发生且必须响应的事件安排的,此时要中断主程序的执行转到中断子程序中处理这些事件。在本例中,用 5s 时基中断程序,执行对数据的处理和输出的刷新。

切换到 RUN 模式时,中断暂时被禁止。在 RUN 模式下,可通过执行 ENI(中断启用)指令来启用中断处理。执行 DISI(中断禁止)指令将禁止处理中断,但激活的中断事件将继续排队。

在调用中断程序之前,必须指定中断事件和要在事件发生时执行的程序段之间的关联。可以使用中断连接指令将中断事件(由中断事件编号指定)与程序段(由中断例程编号指定)相关联。可以将多个中断事件连接到一个中断程序,但不能将一个事件连接到多个中断程序。

连接事件和中断程序时,仅当程序已执行全局 ENI 指令且中断事件处理处于激活状态时,新出现此事件才会执行所连接的中断程序。否则,CPU 会将该事件添加到中断事件队列中。如果使用全局 DISI 指令禁止所有中断,每次发生中断事件时 CPU 都会对中断事件排队,直至使用全局 ENI 指令重新启用中断或中断队列溢出。

可以使用中断分离指令取消中断事件与中断程序之间的关联,从而禁用单独的中断事件。

分离中断指令使中断返回未激活或被忽略状态。表 5-2 列出了不同类型的中断事件。

表 5-2　中断事件

事 件 号	说　　明	CRS 系列	RS/RT 系列
0	I0.0 上升沿	有	有
1	I0.0 下降沿	有	有
2	I0.1 上升沿	有	有
3	I0.1 下降沿	有	有
4	I0.2 上升沿	有	有
5	I0.2 下降沿	有	有
6	I0.3 上升沿	有	有
7	I0.3 下降沿	有	有
8	端口 0 接收字符	有	有
9	端口 0 发送完成	有	有
10	定时中断 0（SMB34 控制时间间隔）	有	有
11	定时中断 1（SMB35 控制时间间隔）	有	有
12	HSC0 CV=PV（当前值=预设值）	有	有
13	HSC1 CV=PV（当前值=预设值）	有	有
16	HSC2 CV=PV（当前值=预设值）	有	有
17	HSC2 方向改变	有	有
18	HSC2 外部复位	有	有
19	PTO0 脉冲计数完成	无	有
20	PTO1 脉冲计数完成	无	有
21	定时器 T32 CT=PT（当前时间=预设时间）	有	有
22	定时器 T96 CT=PT（当前时间=预设时间）	有	有
23	端口 0 接收消息完成	有	有
24	端口 1 接收消息完成	无	有
25	端口 1 接收字符	无	有
26	端口 1 发送完成	无	有
27	HSC0 方向改变	有	有
28	HSC0 外部复位	有	有
29	HSC4 CV=PV（当前值=预设值）	无	有
30	HSC4 方向改变	无	有
31	HSC4 外部复位	无	有
32	HSC3 CV=PV（当前值=预设值）	有	有
33	HSC5 CV=PV（当前值=预设值）	无	有
34	PTO2 脉冲计数完成	无	有
35	I7.0 上升沿（信号板）	无	有
36	I7.0 下降沿（信号板）	无	有

事 件 号	说 明	CRS 系列	RS/RT 系列
37	I7.1 上升沿（信号板）	无	有
38	I7.1 下降沿（信号板）	无	有
43	HSC5 方向改变	无	有
44	HSC5 外部复位	无	有

在空调新风控制系统中，要采集 2 个模拟量数据，可以采用 EM AE04 模拟量采集模块，将出口风温和压差信号转换为数字信号。在硬件组态界面中，在地址栏可以看到，出口风温的扩展地址为 AIW16，压差的扩展地址为 AIW18。

根据控制系统的要求，对出口风温采用开关量控制其加热管的投入（或切除），编程的关键在于当出现温高于上限值时，应切除一组加热管；当出口风温低于下限值时，应投入一组加热管。

同样对压差的控制也采用开关量控制，当压差高于上限值时，应将电动阀减小 25% 开度；当压差低于下限值时，应将电动阀增大 25% 开度。

如果要求压差控制连续可调，则应将电动阀改为电动调节阀门，其开度受 4～20mA 电流信号控制。此时需采用模拟量输出模块，通过该模块的输出连续控制调节阀的开度。

对于模拟量的闭环调节，S7-200 SMART PLC 提供 PID 控制。关于如何设置 PID 参数，将在 5.3 节中介绍。

定义符号表如图 5-2 所示。

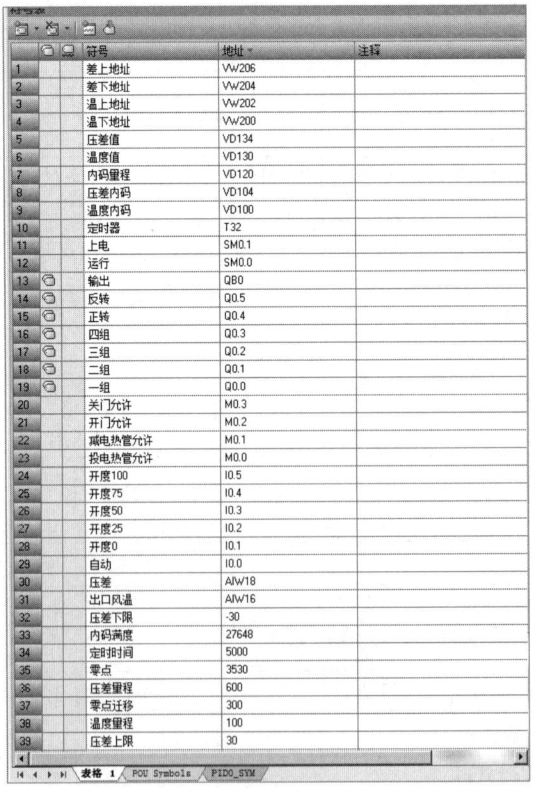

	符号	地址	注释
1	差上地址	VW206	
2	差下地址	VW204	
3	温上地址	VW202	
4	温下地址	VW200	
5	压差值	VD134	
6	温度值	VD130	
7	内码量程	VD120	
8	压差内码	VD104	
9	温度内码	VD100	
10	定时器	T32	
11	上电	SM0.1	
12	运行	SM0.0	
13	输出	QB0	
14	反转	Q0.5	
15	正转	Q0.4	
16	四组	Q0.3	
17	三组	Q0.2	
18	二组	Q0.1	
19	一组	Q0.0	
20	关门允许	M0.3	
21	开门允许	M0.2	
22	减电热管允许	M0.1	
23	投电热管允许	M0.0	
24	开度100	I0.5	
25	开度75	I0.4	
26	开度50	I0.3	
27	开度25	I0.2	
28	开度0	I0.1	
29	自动	I0.0	
30	压差	AIW18	
31	出口风温	AIW16	
32	压差下限	-30	
33	内码满度	27648	
34	定时时间	5000	
35	零点	3530	
36	压差量程	600	
37	零点迁移	300	
38	温度量程	100	
39	压差上限	30	

表格 1 / POU Symbols / PID0_SYM

图 5-2　符号表

下面将按照程序段来介绍空调新风控制系统的程序。

主程序程序段 1（图 5-3）：在上电第 1 个扫描周期，调用子程序 SBR_0，执行初始化程序。

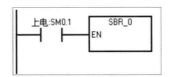

图 5-3　主程序程序段 1

主程序程序段 2（图 5-4）：在自动状态下（I0.0=1），启动定时器 T32，每 5s 发 1 个扫描周期的高电平，用来申请中断 INT0。

图 5-4　主程序程序段 2

SBR_0 子程序如图 5-5 所示。

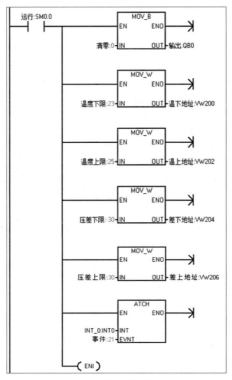

图 5-5　子程序

SBR_0 子程序在上电第 1 个扫描周期执行，首先用赋值指令将 0 赋值给 QB0，将开关量输出清零；用赋值指令将温度及压差控制的上下限值送入 VW200、VW202、VW204、VW206 中；调用中断连接 ATCH 指令建立中断事件 21 与中断程序 INT0 之间的联系；然后执行中断允许指令 ENI（开中断）。

中断事件 21 是时基中断事件，该事件必须采用分辨率为 1ms 的 T32 定时器，当 T32 的当前值等于设定值时，申请中断，在主程序正常的定时刷新中，响应中断，执行中断程序。

中断程序 INT0 程序段 1（图 5-6）：将变送器传来的温度信号和压差信号，转换为双整数分别存入 VD100 和 VD104 寄存器中。调用双整数减法指令（SUB_DI）计算 4mA 和 20mA 对应的 A/D 转换后的数值差，将计算结果存入 VD120 中。

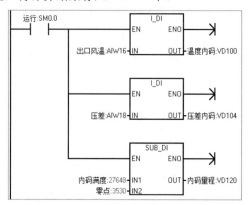

图 5-6　中断程序段 1

中断程序 INT0 程序段 2（图 5-7）：将转换后温度和压差信号减去 4mA 对应的数字 3530，再乘以各自的量程，转换后的数值再分别存入 VD100 和 VD104 寄存器中。

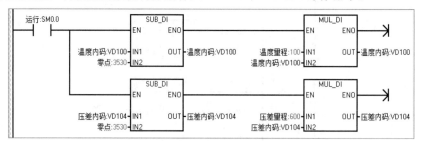

图 5-7　中断程序段 2

中断程序 INT0 程序段 3（图 5-8）：用转换后的温度信号值除以内码满度（4mA 和 20mA 对应的 A/D 转换后数值差），得到实际温度值存入 VD130 中；用转换后的压差信号值除以内码满度，得到的数值再减去零点迁移的 300（因为 4mA 信号代表零点，而压差量程从-300 开始，即 4mA 零点对应的压差为-300，所以要减 300），得到实际压差值存入 VD134 中。

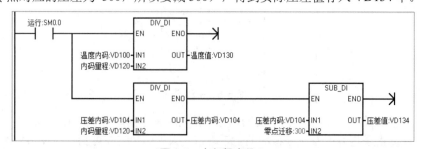

图 5-8　中断程序段 3

中断程序 INT0 程序段 4（图 5-9）：当温度高于上限值，投电热管允许信号有效（M0.0=1）。

中断程序 INT0 程序段 5（图 5-10）：当温度低于下限值，减电热管允许信号有效（M0.1=1）。

图 5-9　中断程序段 4　　　　　　　　　　图 5-10　中断程序段 5

中断程序 INT0 程序段 6（图 5-11）：当压差高于上限值，关门允许信号有效（M0.3=1）。

中断程序 INT0 程序段 7（图 5-12）：当压差低于下限值，开门允许信号有效（M0.2=1）。

图 5-11　中断程序段 6　　　　　　　　　　图 5-12　中断程序段 7

中断程序 INT0 程序段 8（图 5-13）：当投电热管允许信号有效，按从小到大的顺序，将未投入运行的最小号的一组电热管置位。如一至四组都没投入，只有第一行程序接通，将置位一组；如一组已投入，只有第二行程序接通，将置位二组。

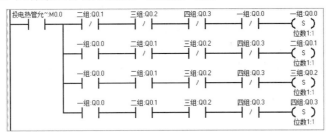

图 5-13　中断程序 8

中断程序 INT0 程序段 9（图 5-14）：当减电热管允许信号有效，按从大到小的顺序，将投入运行的最大号的一组电热管复位。如已投入一组至四组，则最下一行程序接通，复位四组；如只投入一组，则最上一行程序接通，复位一组。

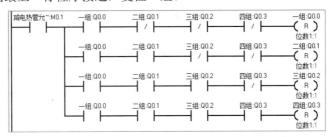

图 5-14　中断程序段 9

中断程序 INT0 程序段 10（图 5-15）：当开门允许信号（M0.2）接通，只要没开到 100%，就置位电动机正转，开门。

图 5-15　中断程序段 10

中断程序 INT0 程序段 11（图 5-16）：当有开到位信号的上升沿到来，说明电动机到位，复位正转，电动机停止正转。之所以采用上升沿，是因为电动阀在停止时，总有 1 个到位信号有效，如果不采用边沿信号，正转将一直被复位，无法正常工作；如果采用边沿信号，则只有在位置状态发生变化（即到一个新位置时）才复位，才能满足控制要求。

中断程序 INT0 程序段 12、13（图 5-17）：实现电动机反转的置位与复位，原理同正转。

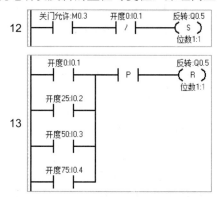

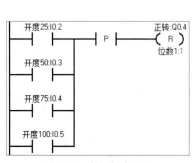

图 5-16　中断程序段 11　　　　　　　图 5-17　中断程序段 12、13

程序编译通过后，将程序下载到 CPU，运行该程序。可以通过过程校准仪输入相应的温度值或压差值，监控程序的执行，看是否按设计的要求动作，如果动作正常，说明程序能满足控制要求，如果出现问题，可以通过监控程序的运行，看哪一步没有按设计执行，找出原因，修改后再试，直到满足要求为止。

5.3　PID 调节

如果将电动阀改为电动调节阀，由于电动调节阀的开度受输入信号 4～20mA 的控制，开度可以连续变化，其控制信号不再是开关量，而是连续变化的模拟量，所以压差控制最好采用 PID 控制。模拟量模块改用 EM AM06，重新组态模拟量模块，增加模拟量输出组态（电流 0～20mA 输出）。

PID 回路指令：根据输入和表（TBL）中的组态信息对引用的 LOOP（回路编号）执行 PID 回路计算。

PID 回路指令用于执行 PID（比例、积分、微分）计算。逻辑堆栈栈顶（TOS）值必须为 1（能流），才能启用 PID 计算。该指令有以下两个操作数：

TBL：作为回路表起始地址的表地址。

LOOP：取值范围为常数 0～7 的回路编号。

可以在程序中使用 8 条 PID 指令。如果 2 条或 2 条以上的 PID 指令使用同一回路编号（即使它们的表地址不同），这些 PID 计算会互相干扰，输出不可预料。

回路表存储 9 个用于监控回路运算的参数，这些参数中包含过程变量当前值和先前值、设定值、输出、增益、采样时间、积分时间（复位）、微分时间（速率）以及积分和（偏置）。

要在所需采样速率下执行 PID 计算，必须在定时中断程序或主程序中以受定时器控制的速率执行 PID 指令。必须通过回路表提供采样时间作为 PID 指令的输入。

本次编程仅对 PID 回路进行编程，除电动阀控制外，其他程序同上节。

STEP7-Micro/WIN SMART 提供 PID 向导，从"工具"菜单中选择"指令向导"命令，然后从"指令向导"窗口中选择"PID"，可看到如图 5-18 所示的对话框。

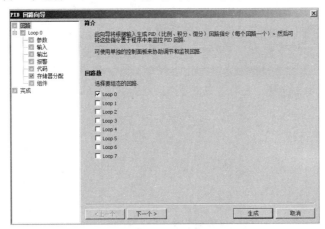

图 5-18　PID 回路选择

在图 5-18 中，首先选中要组态的回路的复选框，如选择 LOOP 0。对于回路的名称可以采用系统默认的回路名称"LOOP 0"，也可以修改回路的名称，例如将"LOOP 0"改为"压差调节回路"，如图 5-19 所示。

图 5-19　修改回路名称

在 PID 回路向导对话框中单击"参数"选项，可看到如图 5-20 所示的对话框，可在其中设置 PID 参数。"增益"系统默认值为 1.0，可以选中"1.0"，按"　　"微调按钮，增大或减小至所需数值，也可以直接用键盘输入所需数值。同样可以修改采样时间（默认值=1.00）、积分时间（默认值=10.00）、微分时间（默认值=0.00），在本例中使用默认值。

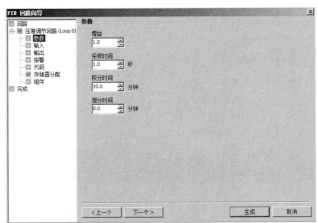

图 5-20　PID 参数设置

在 PID 回路向导对话框中单击"输入"选项，可看到如图 5-21 所示的对话框。在其中可以设置输入参数。在输入"类型"中的"过程变量标定"，指定回路过程变量（PV）是如何标定，可以从以下选项中选择：单极性（默认值：0～27648；可编辑）、双极性（默认值：-27648～27648；可编辑）、单极性 20% 偏移量（范围：5530～27648；已设定，不可变更）、温度 x10℃、温度 x10°F；在"标定"参数中，本程序选择"单极性 20% 偏移量"。

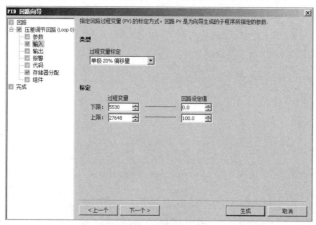

图 5-21　PID 输入设置

在输入"标定"中的"过程变量"，可指定输入变量的"下限"和"上限"，在"过程变量标定"中指定"单极 20% 偏移量"，该输入变量的下限/上限已指定，不能修改。在"回路设定值"中指定回路设定值（SP）是如何标定，默认值是 0.0～100.0 之间的一个实数（指设定值变化范围在模拟量输入的 0%～100%），本程序选择默认值。

在 PID 回路向导对话框中单击"输出"选项，可看到如图 5-22 所示的对话框。在"类型"中的下拉列表中选择输出类型是"模拟量"还是"数字量"。在"模拟量"的"标定"项中，输出模拟量标定参数可选择："单极性（默认值：0～27648；可编辑）"；"双极性（默认值：-27648～24678；可编辑）"；"单极性 20% 偏移量（范围：5530～27648；已设定，不可变更）"。本程序选择"模拟量"输出及标定参数"单极性 20% 偏移量"。在"模拟量"中的"范围"，指定输出变量的"下限"和"上限"，可能的范围为-27648～+27648。在"下限"和"上限"中的值取决于具体标定项的选择。

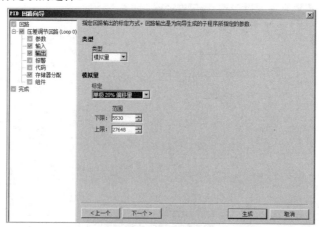

图 5-22　PID 输出设置

在 PID 回路向导对话框中单击"报警"选项，可看到如图 5-23 所示的对话框，在其中可指定通过报警输入识别的条件。根据需要选择启用上、下限报警复选框（PV），在标准化下限报警限值中的默认值是 0.10；当选择上限报警（PV）复选框后，在标准化上限报警限值中的默认值是 0.90。当选择启用模拟量输入错误复选框后，可指定模拟量输入模块连接到 PLC 的位置。

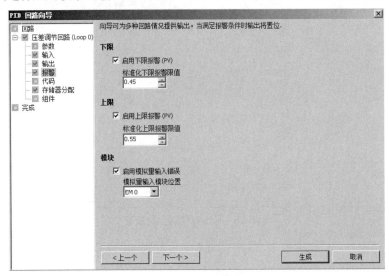

图 5-23　PID 报警设置

在 PID 回路向导对话框中单击"代码"选项，可看到如图 5-24 所示的对话框。在该对话框的子程序项下，PID 回路向导将创建用于初始化所选 PID 组态的子程序。在该对话框的中断项下，PID 回路向导创建用于 PID 回路执行的中断程序。PID 回路向导为子程序和中断程序指定了默认名称；用户可编辑该默认名称。手动控制：勾选"添加 PID 的手动控制"复选框后允许手动控制 PID 回路。

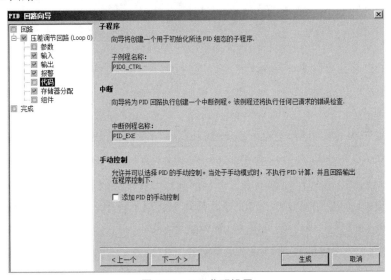

图 5-24　PID 代码设置

在 PID 回路向导对话框中单击"存储器分配"选项，可看到如图 5-25 所示的对话框。在该对话框中可指定数据块中放置组态的 V 存储器字节的起始地址。PID 回路向导建议一个表示大小正确且未使用的 V 存储器块的地址。

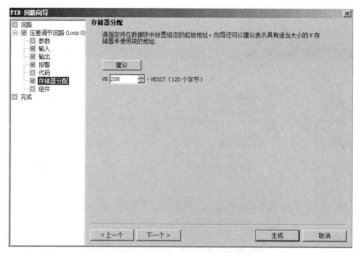

图 5-25　PID 存储器分配设置

在 PID 回路向导对话框中单击"组件"选项，可看到如图 5-26 所示的对话框。该界面中显示 PID 回路向导生成的子程序和中断程序列表，以及与它们相关的简要说明。单击"完成"选项，将在项目中生成上述 PID 子程序、中断程序及符号表等。

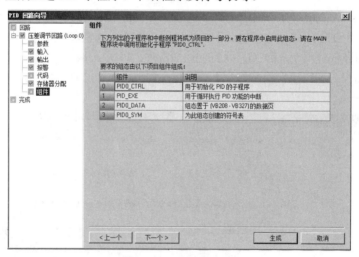

图 5-26　PID 组件设置

配置操作完成后，需要在程序中调用由 PID 回路向导生成的 PID 子程序。用户可在指令树的程序块中双击向导生成的 PID0_CTRL 子程序，来调用子程序，如图 5-27 所示。

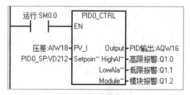

图 5-27　PID 初始化子程序

　　调用 PID0_CTRL 子程序，自动将压差输入 AIW18 作为反馈值，将 VD212 中存入的值作为给定值进行 PID 运算，结果送到 PLC 的模拟量输出端子（AQW16），控制调节阀开度。

5.4　小结

　　对新风机组的控制，首先是模拟量的采集及量纲变换。其次是根据给定的设定值以及允许变化范围，换算出上限值和下限值。通过比较指令，比较采集到的模拟量当前值是否高于上限值或低于下限值，如果不高也不低，则保持现有状态；如果高于上限值，则输出开关量使该模拟量减小；如果低于下限值，则输出开关量使该模拟量增加。

　　如果需要闭合控制，则最好采用 PID 控制。PID 控制可以利用 S7-200 SMART PLC 提供的 PID 回路向导生成子程序，然后调用生成的 PID 子程序。

| 第6章 |

机械手控制

机械手是工业机器人系统中传统的任务执行机构，是机器人的关键部件之一。本设计是一个将工件由工作台 D 处移动到输送带 M 上的机械手。对于上升/下降和伸出/缩回的执行则采用双线圈二位电磁阀推动汽缸来完成。

6.1 控制要求及硬件实现

图 6-1 所示是一个用机械手将工件由工作台 D 处移动到输送带 M 上的示意图。

图 6-1　工件移动示意图

机械手动作示意图如图 6-2 所示。从图中可以看出机械手的工作流程，共有 8 个动作。

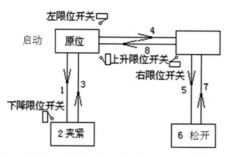

图 6-2　机械手动作示意图（图中的方向，动作 4 是向左）

机械手工作应具备的条件：机械手处于原位时，上升限位开关（LS4）和缩回限位开关（右限位 LS1）均处于接通状态，指示灯 LED4（上限位指示）和 LED1（右限位指示）点亮；将工件放在工作台 D 上，指示灯 LED9（工件指示）点亮。

按下启动按钮（SB1），机械手将按顺序执行上述 8 个动作。

第 1 个动作：机械手从原位下移至工件处。上升/下降的执行用双线圈二位电磁阀推动 B 汽缸完成。启动后 B 汽缸电磁阀得电，指示灯 LED7（下降指示）点亮，活塞杆下降，同时上升限位开关（LS4）断开。当机械手下降到位时，下降限位开关（LS3）动作，相应指示灯 LED3（下限位指示）点亮。

第 2 个动作：机械手夹紧工件。夹紧/松开的执行用双线圈二位电磁阀推动 C 汽缸完成。机械手下降到位后延时 1s，C 汽缸的夹爪电磁阀得电，指示灯 LED8（夹紧指示）点亮，夹紧工件。

第 3 个动作：机械手上升至原位。机械手夹紧工件后延时 1s，B 汽缸电磁阀失电，活塞杆上升，指示灯 LED7 灭，当机械手上升到位时，上升限位开关（LS4）动作，指示灯 LED4 点亮。

第 4 个动作：机械手伸出至输送带上方。伸出/缩回的执行用双线圈二位电磁阀推动 A 汽缸完成。机械手上升到原位后延时 1s，A 汽缸电磁阀得电，指示灯 LED6（伸出指示）点亮，活塞杆向左伸出，缩回限位开关（LS1）断开，指示灯 LED1 熄灭；当机械手伸出到位时，伸出限位开关（LS2）接通动作，相应指示灯 LED2（左限位指示）点亮。

第 5 个动作：机械手从输送带上方下移至输送带。机械手伸出到位后延时 1s，B 汽缸电磁阀得电，指示灯 LED7 点亮，活塞杆下降，当机械手下降到位时，下降限位开关（LS3）动作，相应的指示灯 LED3 点亮。

第 6 个动作：机械手松开工件，放到输送带上。机械手下移到位后延时 1s，C 汽缸夹爪电磁阀失电，指示灯 LED8 熄灭，放下工件置于输送带 M 上，指示灯 LED10（输送带指示）点亮。

第 7 个动作：机械手上升至输送带上方。机械手松开工件后延时 1s，B 汽缸电磁阀失电，指示灯 LED7 熄灭，活塞杆上升，当上升到位时，上升限位开关（LS4）动作，指示灯 LED4 灯亮。

第 8 个动作：机械手缩回至原位。机械手到输送带上方后延时 1s，A 汽缸电磁阀失电，指示灯 LED6 熄灭，活塞杆向右缩回，伸出限位开关（LS2）断开，指示灯 LED2 熄灭。当机械手缩回到位时，缩回限位开关（LS1）动作，指示灯 LED1 灯亮，机械手处于原位。

下一次工作准备：机械手到原位后延时 1s，输送带 M 向右移动，当碰到输送带接应位开关 LS5（接应位置）时，停止移动，指示灯 LED5（接应位）点亮；延时 1s，工件卸下，LS5 恢复断开状态，指示灯 LED5 熄灭；延时 1s，指示灯 LED9 点亮，工件置于工作台上。

当按下停止按钮时，机械手要等输送带工件卸下后才结束本次动作过程，机械手处于原位。具体控制要求如下：

（1）采用 S7-200 SMART PLC 实现机械手的控制。

（2）为满足生产要求，要有 2 种工作方式，即单周工作方式和连续工作方式。

● 单周工作方式：按下启动按钮，机械手从原位置开始，执行 1 遍完整的操作流程，返回原位置结束。

● 连续工作方式：按下启动按钮，机械手从原位置开始，连续执行单调操作过程。当按下停止按钮，机械手要执行完本周的操作过程，即返回原位置后，才停止。

（3）要有各种状态指示灯来指示当前工作状态。

根据控制要求，PLC 的 I/O 地址分配如表 6-1 所示。

表 6-1 I/O 地址分配

输 入				输 出			
序 号	名 称	代 号	地 址	序 号	名 称	代 号	地 址
1	启动按钮	SB1	I1.0	1	上升/下降电磁阀	LED7	Q0.6
2	停止按钮	SB2	I1.1	2	伸出/缩回电磁阀	LED6	Q0.5
3	下限位开关	LS3	I0.2	3	夹紧/松开电磁阀	LED8	Q0.7
4	上限位开关	LS4	I0.3	4	接应位指示灯	LED5	Q0.4
5	右限位开关	LS1	I0.0	5	右限位指示灯	LED1	Q0.0
6	左限位开关	LS2	I0.1	6	上限位指示灯	LED4	Q0.3
7	工件指示开关	LS6	I0.5	7	下限位指示灯	LED3	Q0.2
8	接应开关	LS5	I0.4	8	左限位指示灯	LED2	Q0.1
9	连续工作	LK1	I1.2	9	工件指示灯	LED9	Q1.0
				10	输送带指示灯	LED10	Q1.1

根据 I/O 点数,可以选用 S7-200 SMART SR30(18DI/12DO),机械手控制接线原理图如图 6-3 所示。

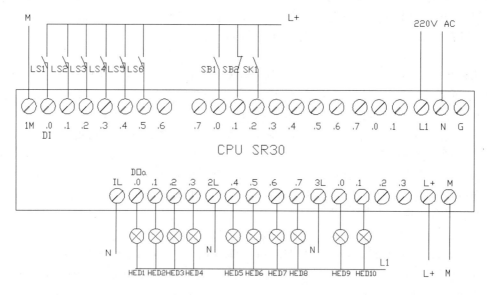

图 6-3 机械手控制接线原理图

6.2 编写控制程序

本设计将两种工作方式,看成是一种工作方式,即连续工作方式。单周工作方式是连续工作方式在工作开始后(不到一周)按下停止按钮的特例,而连续工作是在每完成单周工作后,通过检测是否按下停止按钮来判断是继续工作，还是停止。

本程序的关键是实现一个单周的工作，以及判断是否继续进行下一周的工作。

从工作过程来看，单周工作一共有 8 个工作状态和 1 个初始状态，可以采用启保停电路编程法实现。

判断是否继续进行下一周工作的条件是，系统处于连续工作状态且没有按下停止按钮。

启保停电路编程法，采用辅助继电器 M 的位表示一个工作状态，当满足下一个工作状态的条件时，才激活表示下一个工作状态辅助继电器的位，同时复位前一个工作状态辅助继电器的位。

定义程序使用的符号表如图 6-4 所示。

		符号	地址 ∧	注释
1		位数	1	
2		定时时间	10	
3		右限位	I0.0	
4		左限位	I0.1	
5		下限位	I0.2	
6		上限位	I0.3	
7		接应开关	I0.4	
8		工件	I0.5	
9		启动	I1.0	
10		停止	I1.1	
11		连续	I1.2	
12		初始状态	M0.0	
13		状态1	M0.1	
14		状态2	M0.2	
15		状态3	M0.3	
16		状态4	M0.4	
17		状态5	M0.5	
18		状态6	M0.6	
19		状态7	M0.7	
20		状态8	M1.0	
21		连续标志	M1.2	
22		原位	M2.0	
23		右限位灯	Q0.0	
24		左限位灯	Q0.1	
25		下限位灯	Q0.2	
26		上限位灯	Q0.3	
27		接应位灯	Q0.4	
28		左行	Q0.5	
29		下降	Q0.6	
30		夹紧	Q0.7	
31		输送带指示	Q1.1	
32		工件灯	Q1.0	
33		上电	SM0.1	
34		定时器1	T37	
35		定时器2	T38	
36		定时器3	T39	
37		定时器4	T40	
38		定时器5	T41	

图 6-4　符号表

下面以程序段的方式来介绍整个程序。

程序段 1（图 6-5）：判断实现机械手是否在原位。当右限位（I0.0）和上限位（I0.3）接通，且夹紧继电器（Q0.7）未得电时，则确定机械手在原位置，原位标志（M2.0）接通。

图 6-5　程序段 1

程序段 2（图 6-6）：在第 1 个扫描周期，如果机械手在原位置，则置位初始状态（M0.0）。

图 6-6　程序段 2

程序段 3（图 6-7）：如果机械手离开原位置，则复位初始状态（M0.0）。

图 6-7　程序段 3

程序段 4（图 6-8）：当切换到连续工作方式时，且停止按钮闭合的上升沿，置位连续运行标志（M1.2）。

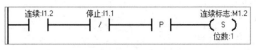

图 6-8　程序段 4

程序段 5（图 6-9）：当按下停止按钮，或切换到单周运行方式的下降沿，复位连续标志（M1.2）。之所以采用边沿触发，是因为如果不采用边沿触发，当按下停止按钮的瞬间，连续工作标志被复位，在下一个扫描周期，又会被置位，导致工作方式混乱。如果采用边沿触发，就不会被重新置位。

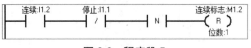

图 6-9　程序段 5

程序段 6（图 6-10）：在初始状态，当按下启动按钮，如果机械手在原位置，则置位状态 1（M0.1）并自保；当连续工作标志有效时，执行完状态 8 的动作，如果机械手在原位置，同样置位状态 1 并自保，实现循环。

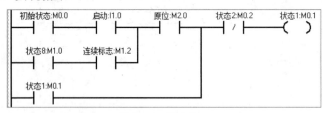

图 6-10　程序段 6

判断状态 8 是否执行完，就是看机械手是否回到原位置，所以在置位条件中串入原位常开触点。

程序段 7（图 6-11）：在状态 1（M0.1=1），机械手下行，当运行到下限位（I0.2=1），下限位指示灯亮，同时启动定时器 T37，延时 1s。

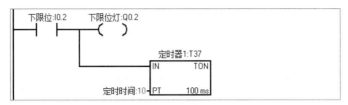

图 6-11　程序段 7

程序段 8（图 6-12）：在状态 1，机械手下降到下限位并延时 1s 后，则置位状态 2 并自保，启动定时器 T38，延时 1s；同时利用状态 2 的常闭触点去断开状态 1（见图 6-10）。

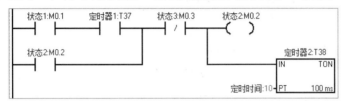

图 6-12　程序段 8

程序段 9（图 6-13）：在状态 2，夹紧/松开电磁阀闭合，夹紧工件，当延时 1s 到，置位状态 3 并自保，利用其常闭触点断开状态 2。

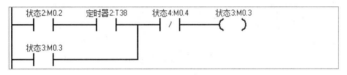

图 6-13　程序段 9

程序段 10（图 6-14）：在状态 3，机械手上行，当达到上限位（I0.3=1）时，上限位灯亮，同时启动定时器 T39，延时 1s。

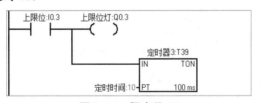

图 6-14　程序段 10

程序段 11（图 6-15）：定时器 T39 延时时间到，则置位状态 4 并自保，同时利用其常闭触点断开状态 3。

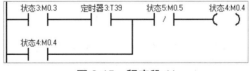

图 6-15　程序段 11

程序段 12（图 6-16）：在状态 4，机械手左行，当达到左限位时（I0.1=1），左限位灯亮，同时启动定时器 T40，延时 1s。

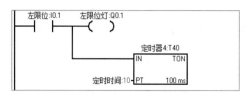

图 6-16　程序段 12

程序段 13（图 6-17）：定时器 T40 延时时间到，置位状态 5 并自保，同时利用其常闭触点断开状态 4。

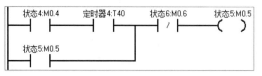

图 6-17　程序段 13

程序段 14（图 6-18）：在状态 5，T37 延时时间到，置位状态 6 并自保，同时利用其常闭触点断开状态 5，启动定时器 T41，延时 1s。

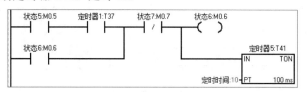

图 6-18　程序段 14

程序段 15（图 6-19）：在状态 6，（夹紧松开电磁阀失电，松开工件），T37 延时时间到，置位状态 7 并自保，同时利用其常开触点断开状态 6。

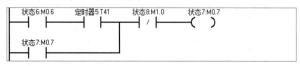

图 6-19　程序段 15

程序段 16（图 6-20）：在状态 7，T39 延时时间到，置位状态 8 并自保，同时利用其常闭触点断开状态 7。

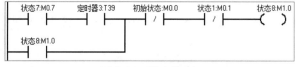

图 6-20　程序段 16

程序段 17（图 6-21）：在状态 8，机械手右行，到达右限位（I0.0=1），右限位指示灯亮。如果连续标志接通，则置位初始状态 1 并自保。同时利用其常闭触点断开状态 8；如果连续运行断开，则在程序段 6 置位状态 0，并断开状态 8，等待下一次启动。

图 6-21　程序段 17

程序段 18（图 6-22）：在状态 1、2、5、6 时，都需要机械手下移，所以将 M0.1、M0.2、M0.5、M0.6 并联，只要 4 种状态中的任何一个接通，则 B 汽缸电磁阀得电，机械手下行。一般程序设计时，到达下限位时要断开电磁阀，而本例中则不行，因为电磁阀失电，则机械手就会上行，所以只有机械手需要上行或保持在上部时，电磁阀 B 才能失电。

程序段 19（图 6-23）：当检测到工件开关闭合（I0.5=1），则工件灯亮。如果要判断机械手开始工作时必须有工件才行，只要在原位置判断条件中串入该触点即可。

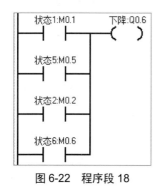

图 6-22　程序段 18

图 6-23　程序段 19

程序段 20（图 6-24）：在状态 2、3、4、5 时，C 汽缸电磁阀得电，夹紧工件，一直保持到状态 6 有效，C 汽缸电磁阀失电，松开工件。

程序段 21（图 6-25）：在状态 4、5、6、7 时，A 汽缸电磁阀得电，机械手左行。一直保持到状态 8 有效，A 汽缸电磁阀失电，机械手右行。

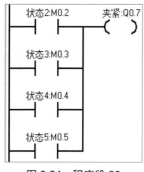

图 6-24　程序段 20

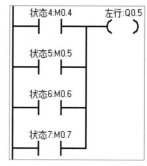

图 6-25　程序段 21

程序段 22（图 6-26）：机械手运行到右限位，右限位灯亮。

程序段 23（图 6-27）：当松开工件，输送带上接应开关闭合，则输送带指示灯亮，表示已将工件放到输送带上。如果必须放到输送带上才允许进行下一步，可以将转移条件串入该触点。

图 6-26　程序段 22

图 6-27　程序段 23

6.3 系统调试

程序编译通过后，将程序下载到 CPU，单击 ▶ 按钮，运行程序。为监控程序运行，设置该程序状态图表，如图 6-28 所示。

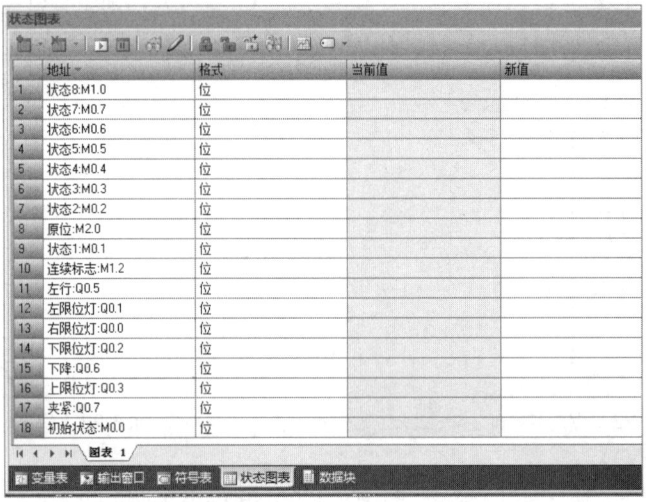

图 6-28 状态图表

单击 ▶ 按钮，监控 PLC 各状态，初始状态图表如图 6-29 所示。从图中可以看出，当机械手在上限位和右限位、夹紧/松开电磁阀未带电时，原位标志有效；程序进入初始状态，此时连续运行标志无效，表示为单周运行方式。

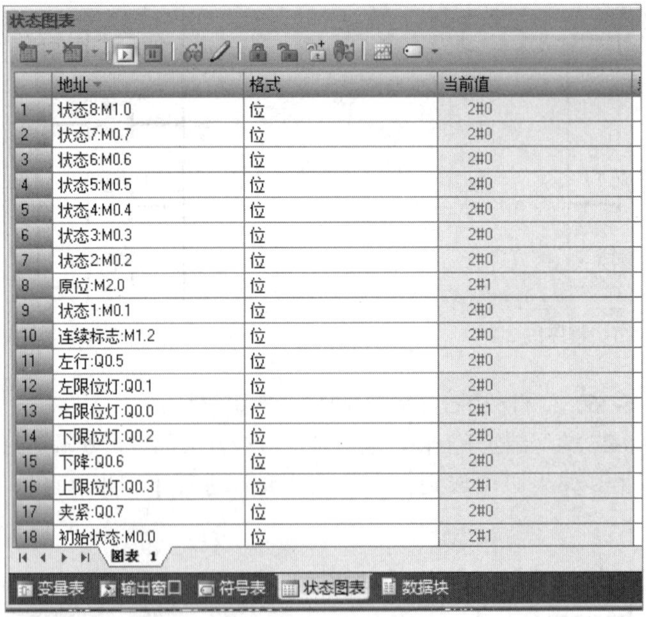

图 6-29 初始状态图表

当按下启动按钮，状态图表如图 6-30 所示。从图中可以看出，在按下启动按钮后，状态进入状态 1，下行电磁阀带电，机械手下降。

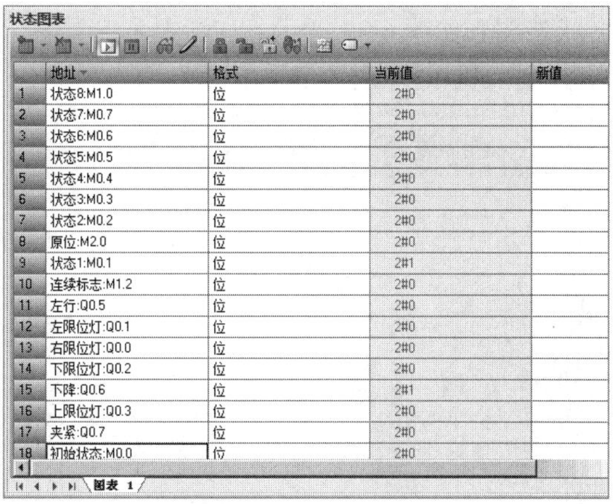

	地址	格式	当前值	新值
1	状态8:M1.0	位	2#0	
2	状态7:M0.7	位	2#0	
3	状态6:M0.6	位	2#0	
4	状态5:M0.5	位	2#0	
5	状态4:M0.4	位	2#0	
6	状态3:M0.3	位	2#0	
7	状态2:M0.2	位	2#0	
8	原位:M2.0	位	2#0	
9	状态1:M0.1	位	2#1	
10	连续标志:M1.2	位	2#0	
11	左行:Q0.5	位	2#0	
12	左限位灯:Q0.1	位	2#0	
13	右限位灯:Q0.0	位	2#0	
14	下限位灯:Q0.2	位	2#0	
15	下降:Q0.6	位	2#1	
16	上限位灯:Q0.3	位	2#0	
17	夹紧:Q0.7	位	2#0	
18	初始状态:M0.0	位	2#0	

图 6-30　状态 1 状态图表

下限位灯亮 1s 后，状态图表如图 6-31 所示。从图中可以看出，当机械手到下限位后 1s，程序进入状态 2，夹紧/松开电磁阀带电，夹紧工件。

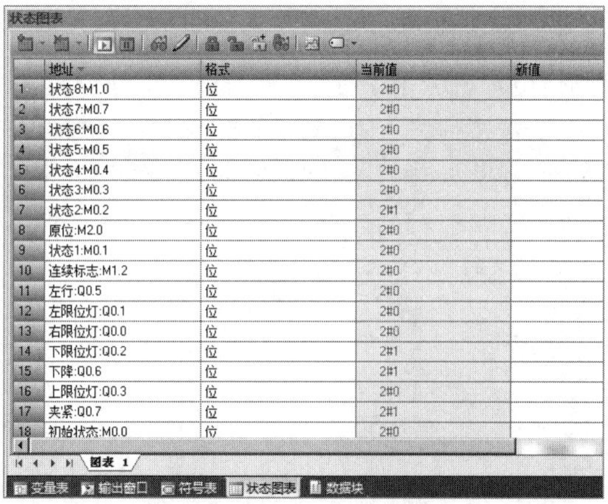

	地址	格式	当前值	新值
1	状态8:M1.0	位	2#0	
2	状态7:M0.7	位	2#0	
3	状态6:M0.6	位	2#0	
4	状态5:M0.5	位	2#0	
5	状态4:M0.4	位	2#0	
6	状态3:M0.3	位	2#0	
7	状态2:M0.2	位	2#1	
8	原位:M2.0	位	2#0	
9	状态1:M0.1	位	2#0	
10	连续标志:M1.2	位	2#0	
11	左行:Q0.5	位	2#0	
12	左限位灯:Q0.1	位	2#0	
13	右限位灯:Q0.0	位	2#0	
14	下限位灯:Q0.2	位	2#1	
15	下降:Q0.6	位	2#1	
16	上限位灯:Q0.3	位	2#0	
17	夹紧:Q0.7	位	2#1	
18	初始状态:M0.0	位	2#0	

图 6-31　状态 2 状态图表

夹紧工件 1s 后，状态图表如图 6-32 所示。从图中可以看出，夹紧/松开电磁阀带电 1s 后，程序进入状态 3，下降电磁阀失电，机械手上行。

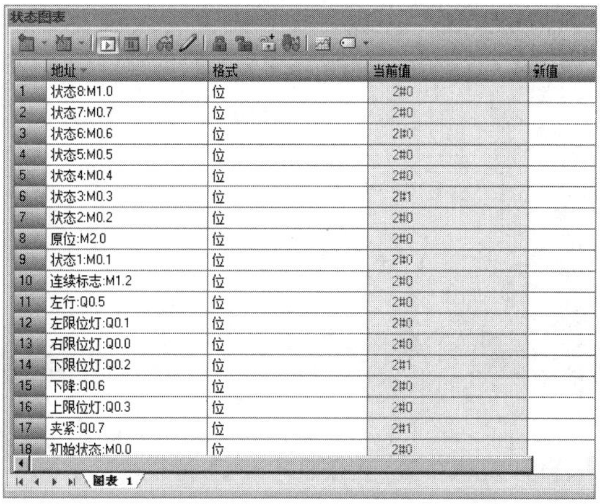

	地址	格式	当前值	新值
1	状态8:M1.0	位	2#0	
2	状态7:M0.7	位	2#0	
3	状态6:M0.6	位	2#0	
4	状态5:M0.5	位	2#0	
5	状态4:M0.4	位	2#0	
6	状态3:M0.3	位	2#1	
7	状态2:M0.2	位	2#0	
8	原位:M2.0	位	2#0	
9	状态1:M0.1	位	2#0	
10	连续标志:M1.2	位	2#0	
11	左行:Q0.5	位	2#0	
12	左限位灯:Q0.1	位	2#0	
13	右限位灯:Q0.0	位	2#0	
14	下限位灯:Q0.2	位	2#1	
15	下降:Q0.6	位	2#0	
16	上限位灯:Q0.3	位	2#0	
17	夹紧:Q0.7	位	2#1	
18	初始状态:M0.0	位	2#0	

图 6-32　状态 3 状态图表

当上限位到位 1s 后，状态图表如图 6-33 所示。从图中可以看出，当上限位到位 1s 后，程序进入状态 4，左行电磁阀得电，机械手左行。

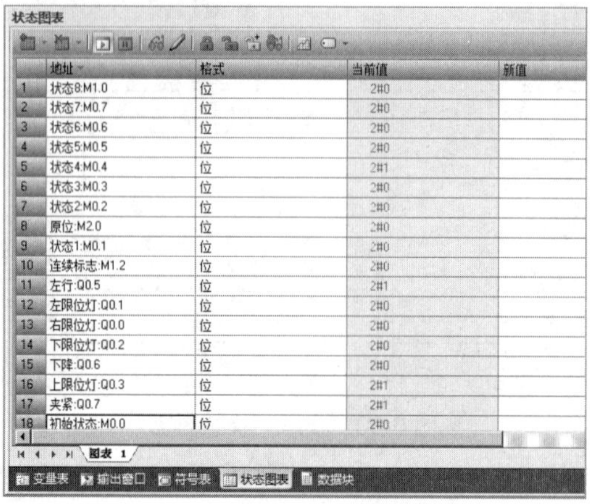

	地址	格式	当前值	新值
1	状态8:M1.0	位	2#0	
2	状态7:M0.7	位	2#0	
3	状态6:M0.6	位	2#0	
4	状态5:M0.5	位	2#0	
5	状态4:M0.4	位	2#1	
6	状态3:M0.3	位	2#0	
7	状态2:M0.2	位	2#0	
8	原位:M2.0	位	2#0	
9	状态1:M0.1	位	2#0	
10	连续标志:M1.2	位	2#0	
11	左行:Q0.5	位	2#1	
12	左限位灯:Q0.1	位	2#0	
13	右限位灯:Q0.0	位	2#0	
14	下限位灯:Q0.2	位	2#0	
15	下降:Q0.6	位	2#0	
16	上限位灯:Q0.3	位	2#1	
17	夹紧:Q0.7	位	2#1	
18	初始状态:M0.0	位	2#0	

图 6-33　状态 4 状态图表

当左限位到位 1s 后，状态图表如图 6-34 所示。从图中可以看出，当左限位到位 1s 后，程序进入状态 5，下降电磁阀得电，机械手下行。

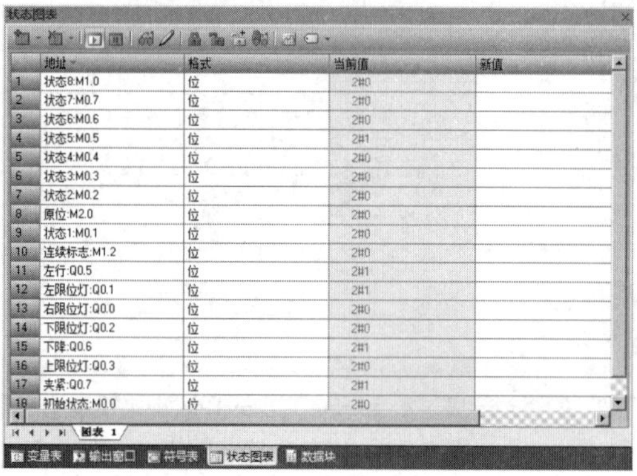

	地址	格式	当前值	新值
1	状态8:M1.0	位	2#0	
2	状态7:M0.7	位	2#0	
3	状态6:M0.6	位	2#0	
4	状态5:M0.5	位	2#1	
5	状态4:M0.4	位	2#0	
6	状态3:M0.3	位	2#0	
7	状态2:M0.2	位	2#0	
8	原位:M2.0	位	2#0	
9	状态1:M0.1	位	2#0	
10	连续标志:M1.2	位	2#0	
11	左行:Q0.5	位	2#1	
12	左限位灯:Q0.1	位	2#1	
13	右限位灯:Q0.0	位	2#0	
14	下限位灯:Q0.2	位	2#0	
15	下降:Q0.6	位	2#1	
16	上限位灯:Q0.3	位	2#0	
17	夹紧:Q0.7	位	2#1	
18	初始状态:M0.0	位	2#0	

图 6-34　状态 5 状态图表

当下限位到位 1s 后，状态图表如图 6-35 所示。从图中可以看出，当下限位到位 1s 后，程序进入状态 6，夹紧/松开电磁阀失电，松开工件。

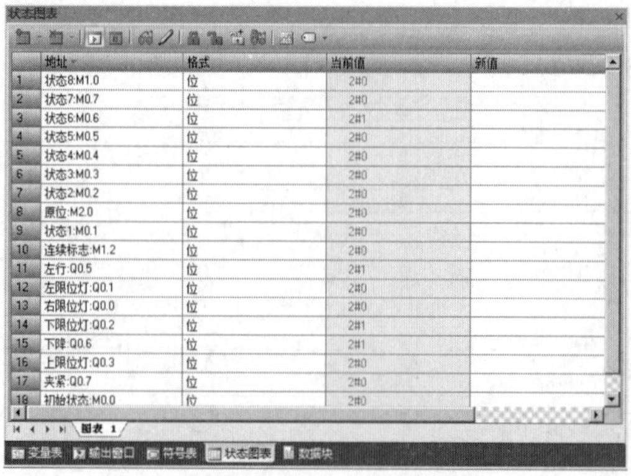

	地址	格式	当前值	新值
1	状态8:M1.0	位	2#0	
2	状态7:M0.7	位	2#0	
3	状态6:M0.6	位	2#1	
4	状态5:M0.5	位	2#0	
5	状态4:M0.4	位	2#0	
6	状态3:M0.3	位	2#0	
7	状态2:M0.2	位	2#0	
8	原位:M2.0	位	2#0	
9	状态1:M0.1	位	2#0	
10	连续标志:M1.2	位	2#0	
11	左行:Q0.5	位	2#1	
12	左限位灯:Q0.1	位	2#0	
13	右限位灯:Q0.0	位	2#0	
14	下限位灯:Q0.2	位	2#1	
15	下降:Q0.6	位	2#1	
16	上限位灯:Q0.3	位	2#0	
17	夹紧:Q0.7	位	2#0	
18	初始状态:M0.0	位	2#0	

图 6-35　状态 6 状态图表

延时 1s 后，状态图表如图 6-36 所示。从图中可以看出，当夹紧电磁阀松开 1s 后，程序进入状态 7，下降电磁阀失电，机械手上行。

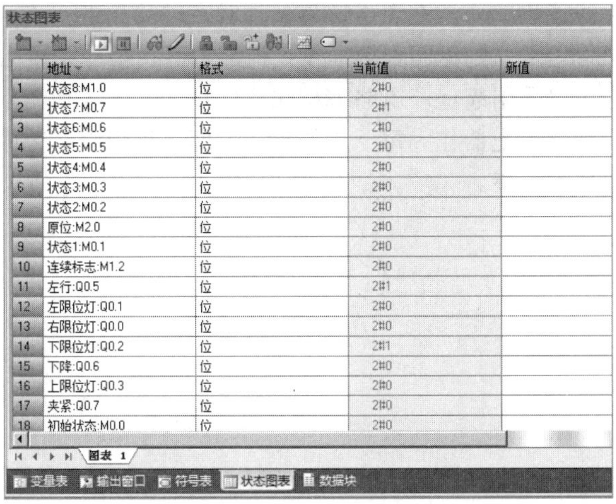

	地址	格式	当前值	新值
1	状态8:M1.0	位	2#0	
2	状态7:M0.7	位	2#1	
3	状态6:M0.6	位	2#0	
4	状态5:M0.5	位	2#0	
5	状态4:M0.4	位	2#0	
6	状态3:M0.3	位	2#0	
7	状态2:M0.2	位	2#0	
8	原位:M2.0	位	2#0	
9	状态1:M0.1	位	2#0	
10	连续标志:M1.2	位	2#0	
11	左行:Q0.5	位	2#1	
12	左限位灯:Q0.1	位	2#0	
13	右限位灯:Q0.0	位	2#0	
14	下限位灯:Q0.2	位	2#1	
15	下降:Q0.6	位	2#0	
16	上限位灯:Q0.3	位	2#0	
17	夹紧:Q0.7	位	2#0	
18	初始状态:M0.0	位	2#0	

图 6-36　状态 7 状态图表

上行到位延时 1s 后，状态图表如图 6-37 所示。

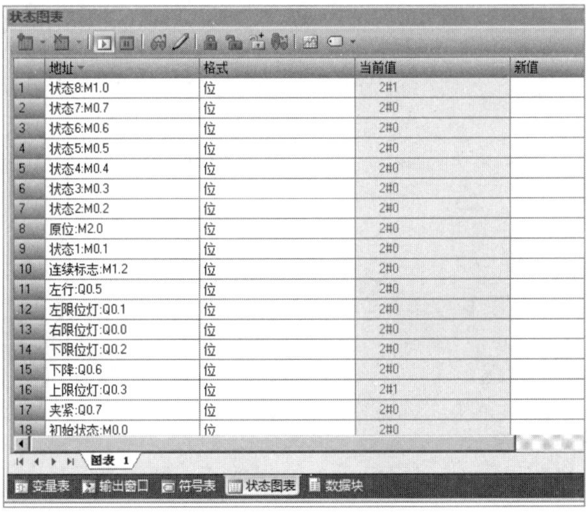

	地址	格式	当前值	新值
1	状态8:M1.0	位	2#1	
2	状态7:M0.7	位	2#0	
3	状态6:M0.6	位	2#0	
4	状态5:M0.5	位	2#0	
5	状态4:M0.4	位	2#0	
6	状态3:M0.3	位	2#0	
7	状态2:M0.2	位	2#0	
8	原位:M2.0	位	2#0	
9	状态1:M0.1	位	2#0	
10	连续标志:M1.2	位	2#0	
11	左行:Q0.5	位	2#0	
12	左限位灯:Q0.1	位	2#0	
13	右限位灯:Q0.0	位	2#0	
14	下限位灯:Q0.2	位	2#0	
15	下降:Q0.6	位	2#0	
16	上限位灯:Q0.3	位	2#1	
17	夹紧:Q0.7	位	2#0	
18	初始状态:M0.0	位	2#0	

图 6-37　状态 8 状态图表

从图 6-37 中可以看出，当上限位到位 1s 后，程序进入状态 8，左行电磁阀失电，机械手右行，到达右限位后，状态图表如图 6-28 所示。返回初始状态，结束单周运行。如果再次按下启动按钮，机械手会再次完成一个单周循环；如果是连续运行方式，在结束状态 8 时，程序会置位状态，反复循环单周工作。

6.4　小结

本章介绍的机械手控制就是让机械手按照工艺要求，依次完成每一步的操作，完成一个完整的操作周期后不断循环，直到按下停止按钮，完成最后一次工作周期后停止。

机械手控制是典型的顺序控制，可以采用顺序控制指令编程，将每个动作过程作为一个顺序步，在每个顺序步完成该步动作，在满足转移条件时，转移到下一步，当完成最后一步工作时，只要没有检测到停止信号，则返回到第一步；检测到停止信号则返回到初始步。

对于机械手控制也可以采用起保停电路编程法，原理同上，区别在于该方法没有采用顺序控制继电器，而是采用辅助继电器作为每一步的标志，即在该步没有完成的情况下采用自保，转移时停止该步，再自保下一步。

| 第 7 章 |

配料系统控制

在一些工业生产中，需要按配方的要求将几种物料混合均匀，以满足生产要求。一般在混合前，需按生产需求量及配方比例换算出各种物料所需的重量，再分别用计量秤计量。计量好的各种物料，根据生产工艺要求，按一定顺序混合，混合均匀后，将混合好的物料排放到成品仓或直接包装。

7.1 控制要求及硬件实现

某企业根据生产要求，将 A、B、C、D、E 五种物料按配方要求混合均匀，其工艺流程如图 7-1 所示。A、B 两种物料用量较大，采用 1 台大秤（测量范围大的计量秤）分别计量（A 物料为大秤一号配料，B 物料为大秤二号配料）；C 物料用量中等，采用中秤计量；D、E 两种物料用量较少，采用 1 台小秤分别计量（D 物料为小秤一号配料，E 物料为小秤二号配料），计量后按要求混合。为达到理想混合效果，先开中秤蝶阀，将 C 物料排入小混合机，之后开小称蝶阀，将 D、E 物料排入小混合机，启动小混合机，用小混合机将 C、D、E 物料混合均匀（混合 180s）。混合结束后，如果大秤仪表配料结束，则开启大秤蝶阀，将物料 A、B 排入大混合机，启动大混合机，10s 后，打开小混合机蝶阀，将小混合机混合后的物料排入大混合机，与 A、B 物料混合，如果小混合机放料结束（小混合机称重仪表归零，发出放料结束信号），则关闭所有蝶阀；延时 180s，停止大混合机，配料过程结束。

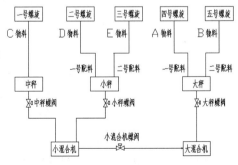

图 7-1 配料系统工艺流程

五种物料进料量分别采用一～五号螺旋给料机控制，四号螺旋给料机控制 A 物料，五号螺旋给料机控制 B 物料，一号螺旋给料机控制 C 物料，二号螺旋给料机控制 D 物料，三号螺旋给料机控制 E 物料。为精准控制进料量，螺旋给料机采用变频器多段速（快速和慢速 2 种速度）控制。

五种物料的计量和混合，控制要求如下：

（1）配料开关切换至自动方式，PLC 启动中秤仪表和小秤仪表。仪表启动采用脉冲启动。

（2）PLC 在接收到中秤仪表的中秤配料信号后，启动一号螺旋给料机变频器（以下螺旋给料机变频器简称螺旋），拖动一号螺旋给料机（进 C 物料）。如果中秤仪表输出大投信号（物料与设定值偏差较大，需快速进料），则 PLC 输出段速 1（快速）信号给一号螺旋，一号螺旋快速拖动一号螺旋给料机；如果中秤仪表输出小投（物料与设定值偏差较小，需慢速进料），则 PLC 输出段速 2（慢速）信号给一号螺旋，一号螺旋慢速拖动一号螺旋给料机。

（3）中秤仪表输出配料结束（物料与设定值偏差为 0），则停止一号螺旋。

（4）PLC 在接收到小秤仪表的开始一号配料信号后，启动二号螺旋（进 D 物料），如果小秤仪表输出大投信号，则 PLC 输出段速 1 送给二号螺旋；如果小秤仪表输出小投信号，则 PLC 输出段速 2 信号给二号螺旋。

（5）小秤仪表输出一号配料结束信号，则停止二号螺旋。

（6）PLC 在接收到小秤仪表的开始二号配料信号后，启动三号螺旋（进 E 物料），如果小秤仪表输出大投信号，则 PLC 输出段速 1 信号给三号螺旋；如果小秤仪表输出小投信号，则 PLC 输出段速 2 信号给三号螺旋。

（7）小称仪表输出二号配料结束信号，则停止三号螺旋。

（8）在中称和小秤配料结束后，启动大秤仪表。

（9）PLC 在接收到大秤仪表的开始一号配料信号后，启动四号螺旋（进 A 物料），如果大秤仪表输出大投信号，则 PLC 输出段速 1 信号给四号螺旋；如果大秤仪表输出小投信号，则 PLC 输出段速 2 信号给四号螺旋。

（10）大秤仪表输出一号配料结束信号，则停止四号螺旋。

（11）PLC 在接收到大秤仪表的开始二号配料信号后，启动五号螺旋（进 B 物料），如果大秤仪表输出大投信号，则 PLC 输出段速 1 信号给五号螺旋；如果大秤仪表输出小投信号，则 PLC 输出段速 2 送给五号螺旋。

（12）大秤仪表输出二号配料结束信号，则停止五号螺旋。

（13）中秤仪表和小秤仪表配料结束，启动小混合机，开小秤蝶阀和中秤蝶阀。

（14）当 PLC 接收到小混合机放料结束信号，小秤蝶阀和中秤蝶阀各开关 2 次（将管道内残留物料震下来），延时 180s，停止小混合机。

（15）当小混合机混料时间到，大秤仪表配料结束，启动大混合机，开大称蝶阀，延时 10s 后，开启小混合机蝶阀。

（16）当小混合机放料结束，关闭小混合机蝶阀，当大秤放料结束，关闭大秤蝶阀，延时 180s，停止大混合机。

根据控制要求，PLC 需要有 23 个开关量输入，24 个开关量输出，其 I/O 地址分配如表 7-1 所示。

表 7-1　配料系统配料控制地址分配表

输　　入				输　　出		
序　号	名　　称	代　号	地　址	序　号	名　　称	代　号	地　址
1	自动配料	SA1	I0.0	1	启动大秤	KA1	Q0.0
2	中秤配料	ZPL	I0.1	2	启动中秤	KA2	Q0.1

续表

输　入				输　出			
序　号	名　称	代　号	地　址	序　号	名　称	代　号	地　址
3	中秤大投	ZDT	I0.2	3	启动小秤	KA3	Q0.2
4	中秤小投	ZXT	I0.3	4	启动一号螺旋	KM1	Q0.3
5	中秤配料结束	ZJS	I0.4	5	一号螺旋段速 1	KA4	Q0.4
6	小秤一号大投	XDT1	I1.0	6	一号螺旋段速 2	KA5	Q0.5
7	小秤一号小投	XXT1	I1.1	7	启动二号螺旋	KM2	Q1.4
8	小秤一号配料结束	XJS1	I1.2	8	二号螺旋段速 1	KA6	Q1.5
9	小秤二号配料	XPL2	I1.3	9	二号螺旋段速 2	KA7	Q1.6
10	小秤二号大投	XDT2	I1.4	10	启动三号螺旋	KM3	Q1.7
11	小秤二号小投	XXT2	I1.5	11	三号螺旋段速 1	KA8	Q2.0
12	小秤二号配料结束	XJS2	I1.6	12	三号螺旋段速 2	KA9	Q2.1
13	大秤一号配料	DPL1	I1.7	13	启动四号螺旋	KM4	Q2.2
14	大秤一号大投	DDT1	I2.0	14	四号螺旋段速 1	KA10	Q2.3
15	大秤一号小投	DXT1	I2.1	15	四号螺旋段速 2	KA11	Q2.4
16	大秤一号配料结束	DJS1	I2.2	16	启动五号螺旋	KM5	Q2.5
17	大秤二号配料	DPL2	I2.3	17	五号螺旋段速 1	KA12	Q2.6
18	大秤二号大投	DDT2	I2.4	18	五号螺旋段速 2	KA13	Q2.7
19	大秤二号小投	DXT2	I2.5	19	开大秤蝶阀	KA14	Q0.6
20	大秤二号配料结束	DJS2	I2.6	20	开中秤蝶阀	KA15	Q0.7
21	小秤一号配料	XPL1	I2.7	21	开小秤蝶阀	KA16	Q1.0
22	小混合机放料结束	XF	I0.5	22	开小混合机蝶阀	KA17	Q1.1
23	大秤配料结束	DF	I0.6	23	开小混合机	KM6	Q1.2
				24	开大混合机	KM7	Q1.3

根据地址分配表，可以选择西门子 S7-200 SMART ST60，接线原理图如图 7-2 所示。

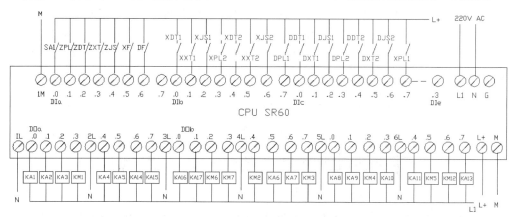

图 7-2　配料系统接线原理图

7.2 编写控制程序

本程序主要控制 3 类设备：螺旋给料机变频器、蝶阀和混合机。控制程序涉及的变量较多，定义 PLC 内部变量的符号表如图 7-3 所示。

定时器3	T37
定时器2	T38
定时器1	T39
定时器4	T40
计数器1	C1
中小蝶阀开关标志	M0.0
定时器5	T41

图 7-3　PLC 内部变量符号表

定义 PLC 输入符号表如图 7-4 所示。

定义 PLC 输出符号表如图 7-5 所示。

自动	I0.0
中秤配料	I0.1
中秤大投	I0.2
中秤小投	I0.3
中秤配料结束	I0.4
小混合机放料结束	I0.5
大秤放料结束	I0.6
小秤一号大投	I1.0
小秤一号小投	I1.1
小秤一号配料结束	I1.2
小秤二号配料	I1.3
小秤二号大投	I1.4
小秤二号小投	I1.5
小秤二号配料结束	I1.6
大秤一号配料	I1.7
大秤一号大投	I2.0
大秤一号小投	I2.1
大秤一号配料结束	I2.2
大秤二号配料	I2.3
大秤二号大投	I2.4
大秤二号小投	I2.5
大秤二号配料结束	I2.6
小秤一号配料	I2.7

图 7-4　PLC 输入符号表

启大秤	Q0.0
启中秤	Q0.1
启小秤	Q0.2
启一号螺旋	Q0.3
一号螺旋速度1	Q0.4
一号螺旋速度2	Q0.5
开大秤蝶阀	Q0.6
开中秤蝶阀	Q0.7
开小秤蝶阀	Q1.0
小混合机蝶阀	Q1.1
开小混合机	Q1.2
开大混合机	Q1.3
启二号螺旋	Q1.4
二号螺旋段速1	Q1.5
二号螺旋段速2	Q1.6
启三号螺旋	Q1.7
三号螺旋段速1	Q2.0
三号螺旋段速2	Q2.1
启四号螺旋	Q2.2
四号螺旋段速1	Q2.3
四号螺旋段速2	Q2.4
启五号螺旋	Q2.5
五号螺旋段速1	Q2.6
五号螺旋段速2	Q2.7

图 7-5　PLC 输出符号表

下面将以程序段的方式来介绍整个程序。

程序段 1（图 7-6）：完成启动秤。当自动配料信号有效（I0.0=1），在上升沿启动中秤仪表和小秤仪表，对物料 C、D 和 E 开始计量。之所以采用边沿信号，是因为计量秤仪表要求用脉冲启动。当中秤配料和小秤二号配料结束信号同时有效，在上升沿启动大秤仪表，对物料 A 和 B 开始计量。

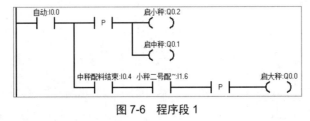

图 7-6　程序段 1

程序段 2（图 7-7）：当中秤配料信号有效（I0.1=1），启动一号螺旋。当中秤配料结束（I0.4=1），停止 1 号螺旋。

程序段 3（图 7-8）：一号螺旋启动，当中秤大投信号有效，则输出一号螺旋段速 1；当中秤小投信号有效，则输出一号螺旋段速 2。

图 7-7　程序段 2

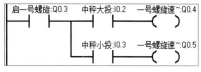

图 7-8　程序段 3

由于一号螺旋给料机采用变频器控制段速，所以变频器应设置为多段速控制，PLC 通过继电器控制多段速的几个控制端的接通或断开，就能实现段速的改变。

程序段 4（图 7-9）：当中、小秤配料全部结束，启动小混合机，当定时器 T39 延时时间到（小混合机放料结束，延时 180s），停止小混合机。

图 7-9　程序段 4

程序段 5（图 7-10）：当小混合机放料结束，启动定时器 T39，延时 180s。

图 7-10　程序段 5

程序段 6（图 7-11）：小混合机运行（Q1.2=1），则开中、小秤蝶阀，当小混合机排料结束，关闭中、小秤蝶阀；当定时器 T37 状态位闭合或断开，中、小秤蝶阀也相应打开或关闭。从而实现关闭中、小秤蝶阀后开关 2 次。

图 7-11　程序段 6

程序段 7（图 7-12）：小混合机运行（Q1.2=1），在中秤蝶阀关闭的上升沿，中小蝶阀开关标志有效并自保（由于中、小秤蝶阀同时动作，所以只利用了中秤蝶阀的信号）。计数器 C1 状态位接通（即计数器 C1 计数 2 次，表明已开关 2 次），则断开中小蝶阀开关标志。

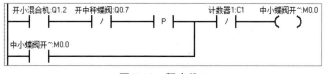

图 7-12　程序段 7

程序段 8（图 7-13）：中、小蝶阀开关标志有效，启动定时器 T37，延时 2s；延时时间到，启动定时器 T38，延时 2s；定时器 T38 延时时间到，复位定时器 T37，由于 T37 的复位，T38 也复位；如此反复，直到中、秤蝶阀开关标志无效。

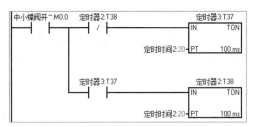

图 7-13　程序段 8

程序段 9（图 7-14）：定时器 T38 定时每到 1 次，计数器 C1 加 1。当计数值达到 2，利用其状态位断开中小秤蝶阀开关标志（图 7-7）。当小混合机停止，计数器 C1 清零。

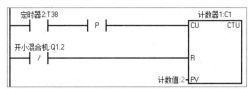

图 7-14　程序段 9

程序段 10（图 7-15）：当小混合机混合 180s 后，大秤放料结束，开大混合机。当定时器 T40 状态位接通（小混合机排料结束，延时 180s），停止大混合机。

图 7-15　程序段 10

程序段 11（图 7-16）：大秤放料结束，启动定时器 T40，延时 180s。

图 7-16　程序段 11

程序段 12（图 7-17）：是大秤蝶阀控制程序。开大混合机后，打开大秤蝶阀；当大秤放料结束，关大秤蝶阀。

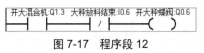

图 7-17　程序段 12

程序段 13（图 7-18）：开大秤蝶阀后，启动定时器 T41，延时 10s。

图 7-18　程序段 13

程序段 14（图 7-19）：定时器 T41 延时 10s 后，开小混合机蝶阀；当小混合机排料结束，关闭小混合机蝶阀。

图 7-19　小程序段 14

二号螺旋控制程序如图 7-20 所示。

三号螺旋控制程序如图 7-21 所示。

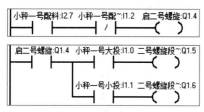

图 7-20　二号螺旋控制程序

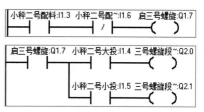

图 7-21　三号螺旋控制程序

四号螺旋控制程序如图 7-22 所示。

五号螺旋控制程序如图 7-23 所示。

图 7-22　四号螺旋控制程序

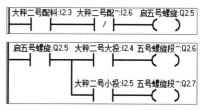

图 7-23　五号螺旋控制程序

7.3　系统调试

程序编译通过后，将程序下载到 CPU，单击 ▶ 按钮，运行程序，单击 🔍 按钮监控程序运行。将开关切换至自动，监控界面如图 7-24 所示。从图中可以看出，当切换至自动状态，在上升沿的一个扫描周期内，启动小、中秤计量仪表；当"中秤仪表"发出中秤配料信号，启动一号螺旋；当启一号螺旋信号有效，"中秤仪表"发出大投信号，一号螺旋多段速 1 信号有效，一号螺旋以段速 1 运行。

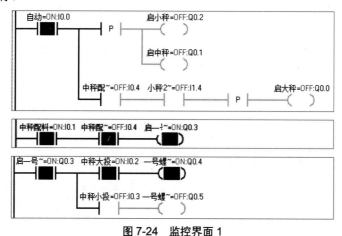

图 7-24　监控界面 1

当中秤仪表的测量值接近设定值，监控界面如图 7-25 所示。从图中可以看出，当"中秤仪表"的测量值接近设定值，中秤小投信号有效，一号螺旋段速 2 信号有效，一号螺旋以段速 2 运行。

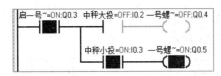

图 7-25　监控界面 2

当中、小秤配料结束，监控界面如图 7-26 所示。从图中可以看出，当中、小秤仪表配料结束后，启动大秤计量；开小混合机；同时开中、小秤蝶阀。

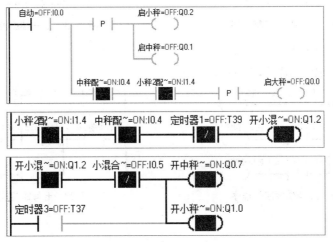

图 7-26　监控界面 3

当小混合机排料结束信号有效，监控界面如图 7-27 所示。从图 7-19 可以看出，当小混合机排料结束，中小蝶阀在定时器 T37 以 2s 间隔通断的作用下，开关 2 次，然后关闭。

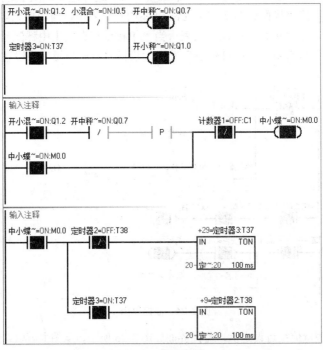

图 7-27　监控界面 4

当小混合机排料结束 180s 后，监控界面如图 7-28 所示。从图中可以看出，当小混合机排料结束 180s 后，小混合机停止，中小蝶阀关闭。

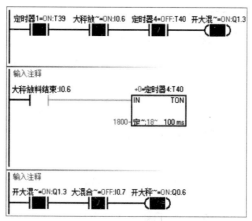

图 7-28　监控界面 5

当大秤放料结束时，监控界面如图 7-29 所示。从图中可以看出，当大秤放料结束，启动大混合机，打开大秤蝶阀，启动 T41 延时 10s，延时时间到，开小混合机蝶阀。

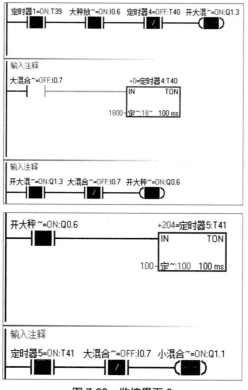

图 7-29　监控界面 6

当大混合机放料结束，监控界面如图 7-30 所示。从图中可以看出，当大混合机放料结束，关闭所有蝶阀，启动定时 T40，延时 180s。

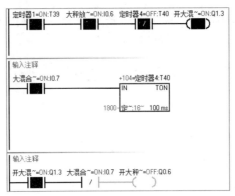

图 7-30　监控界面 7

当延时时间到，监控界面如图 7-31 所示。当延时时间到，关闭大混合机。

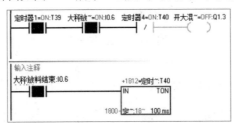

图 7-31　监控界面 8

从监控界面可以看出，该程序能满足控制要求。

7.4　小结

配料系统的混料控制是通过计量秤向 PLC 发出各种配料指令和秤的当前状态（如排料结束），PLC 根据秤的信号对螺旋进行控制，完成各种物料的计量；秤发出排料结束信号后，再依据混合要求将各种物料排入混合机进行混合，混合时间到则停止混合机运行。

本控制系统编程关键是要熟悉该工艺各种设备启动、停止的条件及动作要求，在完全理解了这些条件和要求后就会发现，该程序的核心就是顺序控制，只不过该顺序的转移条件复杂一些而已。

| 第8章 |

本安火花试验台控制

在工业生产中有一些场所存在着易燃易爆介质，为保证人身和设备的安全，在这些场所使用的电子产品或电路必须满足防爆要求（本安或隔爆产品）。本安火花试验台是用来检定被试电路是否满足本安要求的试验设备，为提高设备检定的效率，可以采用 PLC 控制整个检定过程。

8.1 控制要求及硬件实现

本安火花试验台结构简图如图 8-1 所示。

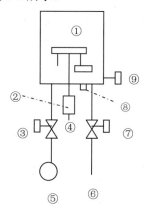

图中：①爆炸容器　②镉盘电动机　③抽气电磁阀　④充气电磁阀　⑤真空泵

⑥满足要求的爆炸气体　⑦爆炸开关　⑧转速检测干簧管　⑨压力开关

图 8-1　本安火花试验台结构简图

采用 PLC 控制本安火花试验台检定过程，其控制过程及要求如下。

（1）试验开始前，先通过试验台上的切换开关选择试验电源是交流电还是直流电。

（2）按下试验按钮，启动真空泵，同时打开抽气电磁阀，将爆炸容器抽成真空，当容器内压力达到压力开关下限值时，停止真空泵运行，关闭抽气电磁阀。

（3）为防止可燃气体进入真空泵，延时 3s 保证抽气电磁阀可靠关闭，再开充气电磁阀，充入可燃混合气体，当容器内压力达到压力开关上限值时，关闭充气电磁阀。

（4）为防止回火，延时 3s。启动镉盘电动机正转，检测爆炸开关是否闭合，如果 200 圈内没检测到爆炸开关闭合再反转 200 圈。在镉盘电动机转动过程中，如果没有检测到爆炸开关闭合，则停止试验。停止镉盘电动机，开启真空泵及抽气电磁阀将可燃气体排出，当容器内达到压力开关下限值时，停止真空泵运行，关闭抽气电磁阀，试验标定不合格指示灯亮。

（5）如果检测到爆炸开关闭合，则试验标定合格，停止镉盘电动机，试验标定合格指示灯亮。

（6）如果标定试验合格，进入试验阶段，启动真空泵，同时打开抽气电磁阀，当容器内压力达到压力开关下限值时，停止真空泵运行，关闭抽气电磁阀。

（7）延时 3s，开充气电磁阀，充入可燃混合气体。当容器内压力达到压力开关上限值时，关闭充气电磁阀，延时 3s。

（8）如果选择的是交流试验电源，启动镉盘电动机正转，不断检测爆炸开关是否闭合，如果镉盘电动机转数未达到 1000 圈检测到爆炸开关闭合，则停止试验，停止镉盘电动机，试验不合格指示灯亮。

（9）如果达到 1000 圈后没有检测到爆炸开关闭合，则试验合格，试验合格指示灯亮。

（10）如果选择的是直流试验电源，先启动镉盘电动机正转，200 圈后再反转 200 圈，在镉盘电动机转动过程中，如果检测到爆炸开关闭合，则停止试验，停止镉盘电动机，试验不合格指示灯亮。

（11）如果没有检测到爆炸开关闭合，则试验合格，试验合格指示灯亮。

（12）试验合格后，延时 3s，重复步骤（2）～（5）（此时，没有按下试验按钮这一步），目的是再次检验试验装置在标定状态下是否能再次发生爆炸，如果没有发生爆炸，说明爆炸气体可能泄漏了，试验结果将不予承认，否则说明试验成功。

已知转速采用干簧管检测，即在镉盘电动机转动轴上装有 2 块磁铁，镉盘电动机每转 1 圈，干簧管就与磁铁接触 2 次，每接触 1 次，就发出 1 个脉冲，所以镉盘电动机每转 1 圈，干簧管就发 2 个脉冲。

根据控制要求，PLC 需要有 6 个开关量输入，10 个开关量输出，其 I/O 地址分配如表 8-1 所示。

表 8-1　本安试验台控制地址分配表

输　　入				输　　出			
序　号	名　称	代　号	地　址	序　号	名　称	代　号	地　址
1	试验按钮	SA1	I0.0	1	启动真空泵	KM1	Q0.0
2	压力下限开关	PA1	I0.1	2	开抽气电磁阀	KA1	Q0.1
3	压力上限开关	PA2	I0.2	3	开充气电磁阀	KA2	Q0.2
4	计数脉冲	JS	I0.3	4	电动机正转	KA3	Q0.3
5	爆炸开关	BZ	I0.4	5	电动机反转	KA4	Q0.4
6	交直流选择	LK	I0.5	6	标定/试验切换	KA5	Q0.5
				7	标定合格	HD1	Q1.0
				8	标定不合格	HD2	Q1.1
				9	试验合格	HD3	Q1.2
				10	试验不合格	HD4	Q1.3

根据地址分配表，可以选择西门子 S7-200 SMART SR30，接线原理图如图 8-2 所示。

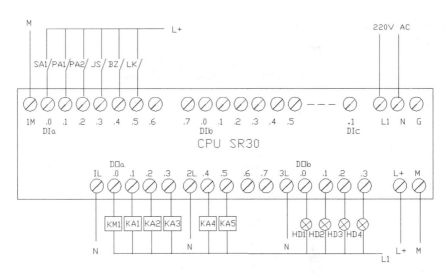

图 8-2　本安火花试验台接线原理图

8.2　编写控制程序

本试验分为 3 个工作状态，分别是初次标定、试验和再次标定。工作过程是，按下试验按钮，先进行初次标定，初次标定合格后，进入试验阶段，试验合格后，进入再次标定状态。如果在任何一步出现不合格状态，停止试验。

由于整个试验的每一个工作状态的工作内容不一致，因此编程的关键是要能有效区分各个工作状态，建议采用辅助继电器标志位来标记各个工作状态。由于在每个工作状态都有可能要操作真空泵、电磁阀以及电动机的运转，很容易出现漏步或重复执行等情况，因此最好设置 3 个辅助继电器位来作为充气状态标志（包括抽真空）、电动机转动状态标志和排气状态标志（排出废气）。

在设置好各工作状态标志后，工作过程就清晰了。当按下试验按钮时，初次标定标志有效，充气状态标志有效，启动真空泵，开抽气电磁阀，抽真空；达到压力开关的下限值后，关闭抽气电磁阀和真空泵；延时 3s，开充气电磁阀进行充气；达到压力开关的上限值后，关闭充气电磁阀，结束充气，充气状态标志无效。当电动机转动状态标志有效，启动电动机按要求转动。如果初次标定不合格（没有发生爆炸），设置电动机转动状态标志无效，排气状态标志有效，启动真空泵，开抽气电磁阀，进行排气；达到压力开关的下限值后，关闭抽气电磁阀和真空泵，排气结束，试验停止。

如果初次标定合格（发生爆炸），则初次标定标志无效，电动机转动状态标志无效，试验标志有效，充气状态标志有效，进行充气（充气过程同上），充气结束后，充气状态标志无效。电动机转动状态标志有效，启动电动机转动。如果试验不合格（发生爆炸），则停止试验。

如果试验合格（没有发生爆炸），则试验标志无效，再次标定标志有效，电动机转动状态标志有效，启动电动机转动。如果再次标定合格（发生爆炸），则停止试验；如果再次标定不合格（没有发生爆炸），则排气状态标志有效，电动机转动状态标志无效，进行排气（排气过程同上），排气结束后，停止试验。

定义该程序符号表，如图 8-3 所示。

			符号	地址 ▾	注释
1			定时器3	T41	
2			定时器2	T40	
3			试验不合格	Q1.3	
4			试验合格	Q1.2	
5			标定不合格	Q1.1	
6			标定合格	Q1.0	
7			标定试验切换	Q0.5	
8			电动机反转	Q0.4	
9			电动机正转	Q0.3	
10			开充气电磁阀	Q0.2	
11			开抽气电磁阀	Q0.1	
12			启真空泵	Q0.0	
13			电动机转动标志	M0.7	
14			充气标志	M0.6	
15			允许排气	M0.5	
16			再次标定	M0.4	
17			试验标志	M0.3	
18			初次标定	M0.2	
19			停止试验标志	M0.1	
20			试验允许	M0.0	
21			交直流选择	I0.5	
22			爆炸开关	I0.4	
23			计数脉冲	I0.3	
24			压力上限值	I0.2	
25			压力下限值	I0.1	
26			试验按钮	I0.0	
27			计数器3	C3	
28			计数器2	C2	
29			计数器1	C1	
30			计数值1	2000	
31			计数值	400	
32			定时时间2	30	
33			位数4	4	
34			位数3	3	
35			位数2	2	
36			位数	1	

图 8-3　符号表

下面将按照程序段的方式来介绍整个程序。

程序段 1（图 8-4）：当按下试验按钮（I0.0），闭合试验允许标志（M0.0）并自保，当停止试验标志（M0.1）闭合，则断开试验允许标志。

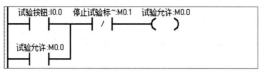

图 8-4　程序段 1

程序段 2（图 8-5）：在试验允许标志有效的情况下，如果 M0.2～M0.4 没有闭合（说明刚进入试验），初次标定标志有效；同时在上升沿复位 4 个状态指示灯（标定合格、标定不合格、试验合格和试验不合格），为试验做准备。

程序段 3（图 8-6）：试验允许标志有效情况下，在初次标定或试验标志的上升沿置位充气标志（M0.6）。采用上升沿是为了只在初次标定或试验标志接通的一个扫描周期内置位，防止一直置位试验允许标志，导致充气阶段无法结束。

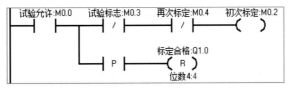

图 8-5　程序段 2

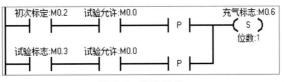

图 8-6　程序段 3

程序段 4（图 8-7）：在充气标志或允许排气标志有效的上升沿，置位真空泵及抽气电磁阀，将爆炸容器内抽成真空。之所以采用上升沿置位，是为了达到要求的真空值后能够复位真空泵及抽气电磁阀。

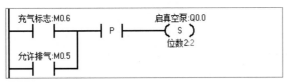

图 8-7　程序段 4

程序段 5（图 8-8）：当抽气压力达到压力下限值（I0.1=1）时，复位 Q0.0 和 Q0.1，即关闭抽气电磁阀，停止真空泵运行。

图 8-8　程序段 5

程序段 6（图 8-9）：在充气标志有效的情况下，当抽气压力达到压力下限值（I0.1=1）时，启动定时器 T40，延时 3s（再开充气电磁阀，见图 8-10），延时的目的是防止可燃气体进入真空泵。

图 8-9　程序段 6

程序段 7（图 8-10）：定时时间到，在充气标志有效的情况下，开充气电磁阀并自保，当充气压力达到上限值时关闭电磁阀，结束充气。

图 8-10　程序段 7

程序段 8（图 8-11）：当充气电磁阀关闭，在关闭的下降沿，复位充气状态标志，结束充气，同时置位电动机转动标志。之所以采用下降沿，目的是仅在充气电磁阀关闭的一个扫描周期内执行上述操作，防止在充气电磁阀的其他关闭期间，一直复位充气标志，使系统无法进入充气状态，同时也防止一直置位电动机转动标志。

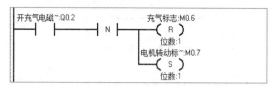

图 8-11　程序段 8

程序段 9（图 8-12）：当再次标定信号的上升沿到来（试验合格置位再次标定），说明试验合格，可燃气体没有爆炸，可以直接进入试验，所以置位电动机转动标志。采用上升沿也是为了防止再次标定结束时，无法复位再次标定标志。

图 8-12　程序段 9

程序段 10（图 8-13）：当电动机转动标志有效时，启动定时器 T41，延时 3s，防止在充气电磁阀没有完全关闭的情况下，可燃气体爆炸，产生回火。

图 8-13　程序段 10

程序段 11（图 8-14）：定时器 T41 延时 3s 后，定时器 T41 状态为闭合，在试验状态下，若试验选择交流电源，启动电动机正转，如果爆炸或转到 1000 圈，则停止电动机正转；若选择直流或在标定状态下，启动电动机正转，如果爆炸或转到 200 圈，则停止电动机正转。

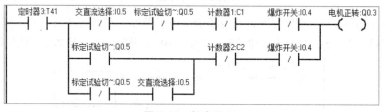

图 8-14　程序段 11

程序段 12（图 8-15）：在试验状态下，选择交流电源，计数器 C1 对计数脉冲进行计数，当计数到 2000（1000 圈）时，计数器 C1 状态位闭合；当电动机转动标志无效，复位计数器 C1，为下次计数做准备。

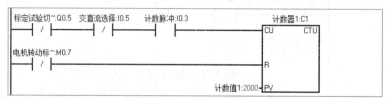

图 8-15　程序段 12

程序段 13（图 8-16）：在试验状态下，选择直流电源或在标定状态下，使用计数器 C2 对计数脉冲进行计数，当计数到 400（200 圈）时，计数器 C2 状态位闭合；当电动机转动标志无效时，复位计数器 C2，为下次计数做准备。

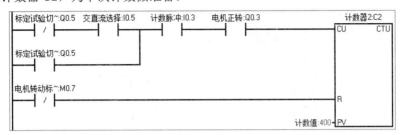

图 8-16　程序段 13

程序段 14（图 8-17）：当计数器 C2 状态位闭合，表示已正转 200 圈，启动电动机反转。当发生爆炸或计数器 C3 状态位闭合，表示已反转 200 圈，则停止电动机反转。

图 8-17　程序段 14

程序段 15（图 8-18）：当电动机反转，计数器 C3 对计数脉冲进行计数，当计数到 400（200圈），计数器 C3 状态位闭合；当电动机转动标志无效时，复位计数器 C3，为下次计数做准备。

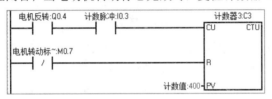

图 8-18　程序段 15

程序段 16（图 8-19）：在发生爆炸的下降沿，计数器 C1 状态位闭合或计数器 C3 状态位闭合，表示该次试验已经做完，复位电动机转动标志。之所以采用爆炸开关的下降沿（不用爆炸开关常闭触点），是为了保证仅在爆炸开关刚断开的一个扫描周期内复位电动机转动标志。如果采用爆炸开关常闭触点复位电动机转动标志，则在爆炸开关没接通的情况下，会一直复位电动机转动标志，而电动机转动标志的常闭触点，会复位计数器 C1～C3，将导致在试验过程中计数器 C1～C3 无法正常计数，无法判断试验结果。

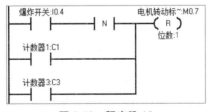

图 8-19　程序段 16

程序段 17（图 8-20）：如果在标定状态下（初次标定标志有效或再次标定状态有效），爆炸开关闭合的上升沿置位标定合格（指示灯），同时复位标定不合格（指示灯）；如果在计数器 C3 状态位闭合（即已经正反向各转了 200 圈），爆炸开关没有闭合，则在计数器 C3 状态位闭合的上升沿置位标定不合格（指示灯），同时复位标定合格（指示灯）。之所以采用上升沿置位，是为了仅在满足条件的一个扫描周期内置位标定合格或不合格（指示灯），为后面再次标定时，能重新置位（可能不同）标定合格或不合格（指示灯），否则可能出现同时置位标定合格和标定不合格（指示灯）；同时在置位时复位它的相反状态，也是为了再次标定时防止出现标定合格和标定不合格（指示灯）同时点亮。

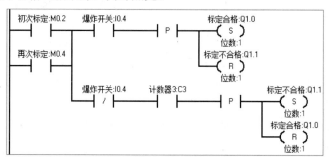

图 8-20　程序段 17

程序段 18（图 8-21）：在试验状态及电动机转动的情况下，若发生爆炸，说明试验不合格，则置位试验不合格指示灯。

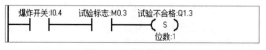

图 8-21　程序段 18

程序段 19（图 8-22）：试验标志有效，当计数器 C1 或 C3 状态位闭合（即转了 1000 圈或正反向各 200 圈），爆炸开关没有闭合，则置位试验合格。

图 8-22　程序段 19

程序段 20（图 8-23）：试验允许标志有效，初次标定标志有效或再次标定标志有效，试验标志未接通（即处于标定状态）时，标定/试验切换接通。

图 8-23　主程序段 20

在标定时，镉盘的钨丝需接到标定电路上，而试验时，镉盘的钨丝需接到试验电路上；通过标定/试验切换控制的中间继电器 KA5（见图 8-2）的接通与断开，来实现上述电路的切换，即 KA5 接通时镉盘的钨丝接到标定电路上，断开时镉盘的钨丝接到试验电路上。

程序段 21（图 8-24）：在初次标定或再次标定时，试验允许标志有效，标定不合格接通（可燃气体没有发生爆炸，需排出可燃气体），则允许排气标志有效并自保。当试验允许标志无效，则断开允许排气标志。

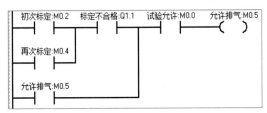

图 8-24　程序段 21

程序段 22（图 8-25）：在试验允许标志有效，试验不合格时，应停止试验，停止试验标志有效；再次标定标志有效，标定合格（爆炸气体已经爆炸）时，应停止试验，停止试验标志有效；允许排气标志有效，真空泵停止（废气已经排完）时，应停止试验，停止试验标志有效。

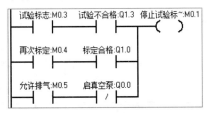

图 8-25　程序段 22

程序段 23（图 8-26）：在初次标定标志有效，爆炸开关接通（说明标定过程发生爆炸，标定合格，将进行试验）的下降沿，置位试验标志，同时复位初次标定标志。之所以采用下降沿置位试验标志，而不采用标定合格标志（作为试验标志或置位试验标志），是为了防止误动作。如，在初次标定时发生爆炸，标定合格，将标定合格作为试验标志（该过程仅需一个扫描周期），此时爆炸开关可能还没有断开，会使试验不合格接通（误报），而采用下降沿，此时爆炸开关已经断开，则不会发生误报。

图 8-26　程序段 23

程序段 24（图 8-27）：当试验标志有效，计数器 C1 或计数器 C3 状态位闭合（说明试验合格），需要再次标定，所以利用其下降沿置位再次标定标志，同时复位试验标志。

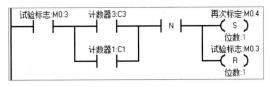

图 8-27　程序段 24

程序段 25（图 8-28）：当停止试验标志有效，复位初次标定标志、再次标定标志和试验标志。

图 8-28　程序段 25

8.3 系统调试

程序编译通过后，将程序下载到 CPU，单击 ▶ 按钮，运行程序，单击 🔲 按钮监控程序运行。当按下试验按钮，监控界面如图 8-29 所示。从图中可以看出，当按下试验按钮，试验允许标志有效；初次标定标志有效；充气标志在试验允许和初次标定接通的上升沿被置位；充气标志有效，真空泵启动，抽气电磁阀打开；初次标定状态有效，试验允许状态有效，标定/试验切换导通（将镉盘钨丝接到标定电路上）。

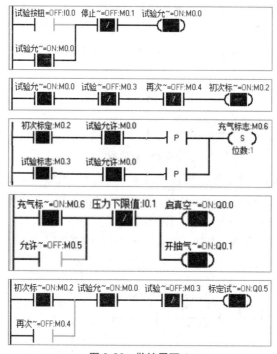

图 8-29　监控界面 1

当抽气压力达到下限值时，监控界面如图 8-30 所示。从图中可以看出，当抽气压力达到下限值时，真空泵停止（被复位），抽气电磁阀关闭；同时启动定时器 T40，延时 3s。

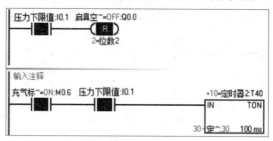

图 8-30　监控界面 2

当延时时间到，监控界面如图 8-31 所示。从图中可以看出，当延时时间到，充气电磁阀打开，开始充入可燃气体。

图 8-31　监控界面 3

当充气压力达到上限值（I0.2）时，监控界面如图 8-32 所示。从图中可以看出，当达到充气压力上限值时，充气标志被复位，电动机转动标志被置位；同时定时器 T41 启动，延时 3s。

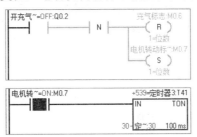

图 8-32　监控界面 4

当延时时间到，监控界面如图 8-33 所示。从图中可以看出，当延时时间到，电动机开始正转；计数器 C2 开始计数。

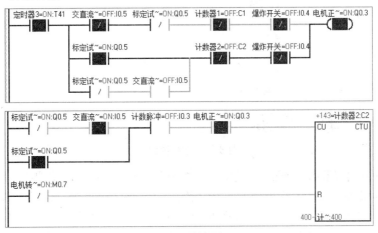

图 8-33　监控界面 5

如果 C2 计数到 400，即正转了 200 圈，监控界面如图 8-34 所示。

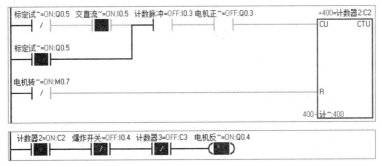

图 8-34　监控界面 6

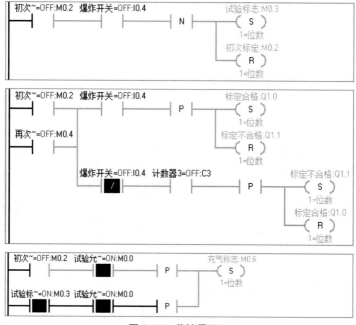

续图 8-34　监控界面 6

从图 8-34 中可以看出，当计数器 C2 状态位闭合，计数器 C2 保持在计数值 400，停止计数；电动机开始反转；计数器 C3 开始计数，如果此时爆炸开关闭合，监控界面如图 8-35 所示。

图 8-35　监控界面 7

从图 8-35 中可以看出，当爆炸开关闭合，说明标定合格，试验标志被置位，初次标定标志被复位，进入试验状态；标定合格指示灯亮（由于爆炸开关闭合时间非常短，只能看到被置位后界面）；充气标志有效，开始充气过程。该过程如图 8-30～图 8-34 所示，如果电动机正反向转 200 圈没有发生爆炸，监控界面如图 8-36 所示。从图中可以看出，在试验状态下，计数器 C1 或 C3 状态位闭合（此时已经正反向各转了 200 圈或正转了 1000 圈），如果爆炸开关没有闭合，说明试验合格，试验合格指示灯亮；再次标志被置位，同时复位试验标志；同时电动机开始正转（再次标定）。

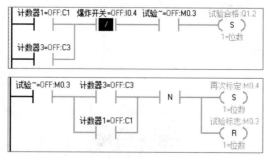

图 8-36　监控界面 8

续图 8-36 监控界面 8

如果爆炸开关闭合，说明再次标定合格，监控界面如图 8-37 所示。

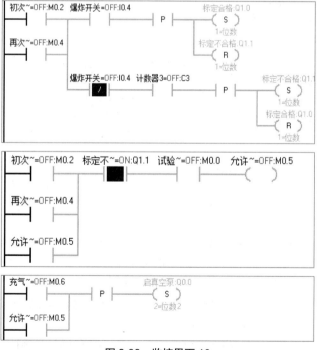

图 8-37 监控界面 9

如果在再次标定状态下没有发生爆炸，监控界面如图 8-38 所示。从图中可以看出，在标定状态下（初次标定或再次标定标志有效），计数器 C3 状态位闭合（说明已经正反向各转了 200圈），爆炸开关没有闭合，说明标定不合格，标定不合格指示灯亮；允许排气被置位；启动真空泵，打开抽气电磁阀，将未爆炸气体排出，当排气至设定值，停止试验。

图 8-38 监控界面 10

如果在试验阶段发生爆炸，则监控界面如图 8-39 所示。从图中可以看出，在试验状态下，爆炸开关闭合（时间短，记录不下来），说明试验不合格，置位试验不合格（试验不合格指示灯亮）；试验不合格，停止试验。

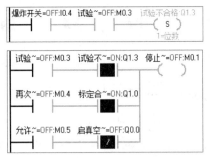

图 8-39　监控界面 11

如果在试验阶段采用交流电源，则监控界面如图 8-40 所示。从图中可以看出，此时使用计数器 C1 计数正转 1000 圈，其他同直流试验。

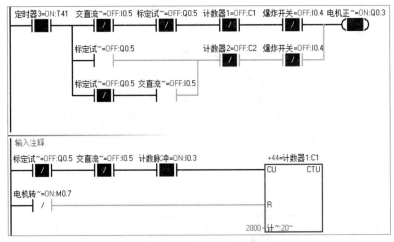

图 8-40　监控界面 12

通过试验，说明该程序能满足控制要求。

8.4　小结

本安火花试验台程序的特点是程序转移的分支比较多。当试验开始时，先将容器抽成真空，然后向其中充入可燃气体，进行标定操作，如果标定不合格，则排出容器中的可燃气体，停止试验，如果标定合格，进入电路测试阶段再次将容器抽成真空，充入可燃气体，进行被检电路试验，如果不合格，则停止试验，如果合格，要再次标定，再次标定不合格，要排出可燃气体。

编程的关键是要对各个分支利用辅助继电器，设置各种分支的状态标志，然后利用各分支的转移条件置位、复位标志。之后，在每种状态标志下，完成该分支的工作就可以了。

在系统调试中，只介绍了在编程软件上的监控调试。如果 PLC 在实际工作中初次投运，或者在运行中出现问题，该如何查找原因呢？

首先在投运前，软件要通过监控调试，这样就不用怀疑程序本身的问题。其次，可以通过 PLC CPU 上的指示灯的状态，作出初步判断：ERROR 指示灯亮，表示 PLC 系统故障，PLC 停止工作；STOP 指示灯亮，表示 PLC 处于停止状态；RUN 指示灯亮，表示 PLC 处于工作状态；

所有灯都不亮，要检查 PLC 是否正确接入工作电源，如果工作电源没有问题，检查 PLC 是否有短路的地方或 PLC 内部电源故障。

最后，可以通过程序的在线监控来查找问题。首先要判断程序在哪一步出现了问题，分析该步应具备什么外部条件才能正确执行。然后通过 PLC 输入指示灯或监控界面查看是否满足该外部条件，如果满足，则程序有问题的可能性较大；如果不满足，则可尝试通过短路线使条件满足，如果程序能正常执行，说明是 PLC 外部信号故障（接触不好、元件损坏、安装位置有误或者生产没有达到该步的条件）；有时通过短路线，在监控界面中仍没有监测到相应信号，则考虑该输入点可能有问题。

| 第9章 |
吹灰程序控制系统

采用吹灰器吹扫锅炉受热面的积灰是提高锅炉运行效率的有效方法之一。吹灰器用来清扫锅炉的炉膛、水平烟道、尾部烟道以及空气预热器上的积灰，以提高传热效率。

当具备锅炉吹灰条件，可启动自动吹灰程序，每次使用 1 对吹灰器，依次对锅炉进行吹灰，所以锅炉吹灰系统推荐采用程序控制系统。

9.1　控制要求及硬件实现

吹灰系统的主要设备是吹灰器。多数吹灰器由电动机、传动机构、吹灰枪、顶开式气阀和行程开关等部件组成。吹灰时电动机将吹灰器推进设备内，到位后再退出。在这个过程中吹灰枪通过杠杆机构顶开蒸汽阀门，蒸汽经喷嘴喷出，喷射气流吹扫出一个圆柱形区域。

吹灰系统除吹灰器外，还包括吹灰管道及管道上的蒸汽阀（一般手动）、输水阀，以及吹灰蒸汽温度和压力检测仪表。

吹灰程序控制系统的控制要求如下。

（1）使用 2 对吹灰器（为简化设计，只用 2 对，实际的锅炉吹灰系统大约需要 75 对），分别命名为 A1、A2、B1、B2，其中 A1、B1 为第 1 对，A2、B2 为第 2 对。

（2）当吹灰蒸汽温度和压力正常时，按下自动吹灰按钮，启动自动吹灰动作。

（3）自动吹灰开始。A1、B1 吹灰器电动机正转；A1 吹灰器电动机推进到位后，A1 吹灰器的电动机反转，A1 吹灰器电动机退出到位后停止；B1 吹灰器电动机推进到位后，B1 吹灰器的电动机反转，B1 吹灰器电动机退出到位后停止；A1、B1 吹灰器电动机都退出到位后结束吹灰。然后，启动 A2、B2 吹灰器电动机，动作与 A1、B1 相同。如果系统使用多对吹灰器，依次启动下一对。

（4）在吹灰过程中，如果有电动机过载，则停止吹灰。停止吹灰前没有故障的另一台电动机也要返回到原位。

（5）在吹灰过程中，如果吹灰蒸汽温度偏离 50℃ 以上（正常为 300℃），则蒸汽温度异常报警灯亮，停止吹灰，已经开始吹灰的电动机要返回原位。

（6）在吹灰过程中，如果有吹灰蒸汽压力偏离 0.05MPa 以上（正常为 0.6MPa），则蒸汽压力异常报警灯亮，停止吹灰，已经开始吹灰的电动机要返回原位。

（7）在电动机推进过程中，如果 1min 没有收到进位信号，则停止吹灰。

（8）在电动机退出过程中，如果 1min 没有收到退位信号，则停止吹灰。

（9）出现故障的电动机（过载或 1min 内没有进/退到位），要有故障指示。

（10）当出现故障并处理后，只有按下复位按钮，才能再次启动自动吹灰操作。

已知温度变送器的量程为 0～500℃，压力变送器的量程为 0～1.0MPa。根据控制要求，PLC需要有 14 个开关量输入，14 个开关量输出，2 个模拟量输入。其 I/O 地址分配如表 9-1 所示。

表 9-1　吹灰程序控制地址分配表

输　入				输　出			
序　号	名　称	代　号	地　址	序　号	名　称	代　号	地　址
1	自动吹灰	SA1	I0.0	1	温度异常	HD1	Q0.0
2	A1 过载	RS1	I0.1	2	压力异常	HD2	Q0.1
3	B1 过载	RS2	I0.2	3	A1 正转	KM1	Q0.2
4	A2 过载	RS3	I0.3	4	A1 反转	KM2	Q0.3
5	B2 过载	RS4	I0.4	5	A2 正转	KM3	Q0.4
6	A1 进到位	JD1	I0.5	6	A2 反转	KM4	Q0.5
7	B1 进到位	JD2	I0.6	7	B1 正转	KM5	Q0.6
8	A2 进到位	JD3	I0.7	8	B1 反转	KM6	Q0.7
9	B2 进到位	JD4	I1.0	9	B2 正转	KM7	Q1.0
10	A1 退到位	TD1	I1.1	10	B2 反转	KM8	Q1.1
11	B1 退到位	TD2	I1.2	11	A1 故障	KM9	Q1.2
12	A2 退到位	TD3	I1.3	12	A2 故障	KM10	Q1.3
13	B2 退到位	TD4	I1.4	13	B1 故障	KM11	Q1.4
14	复位	SA2	I1.5	14	B2 故障	KM12	Q1.5
15	吹灰温度	AI1	AIW16				
16	吹灰压力	AI2	AIW18				

根据地址分配表，可以选择西门子 S7-200 SMART SR40 CPU，以及模拟量模块 EM AE04，接线原理图如图 9-1 所示。

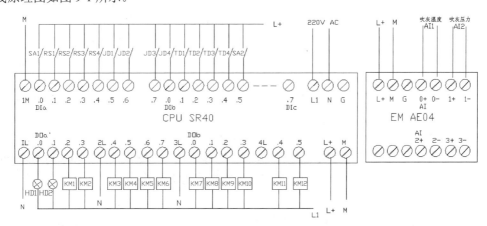

图 9-1　吹灰程序控制系统接线原理图

组态系统硬件如图 9-2 所示。

系统块					
	模块	版本	输入	输出	订货号
CPU	CPU SR40 (AC/DC/Relay)	V02.03.00_00.00...	I0.0	Q0.0	6ES7 288-1SR40-0AA0
SB					
EM 0	EM AE04 (4AI)		AIW16		6ES7 288-3AE04-0AA0
EM 1					

图 9-2　吹灰程序控制系统硬件组态

9.2　编写控制程序

吹灰程序的核心是一个对吹灰器依次进行顺序控制的程序。本例只涉及 2 对吹灰器，因此程序比较简单，如果是实际的吹灰系统，会有很多对吹灰器，按照本例介绍的方法，通过增加吹灰器对的状态就可以实现了。

编程的关键有以下几点：判断吹灰蒸汽的温度、压力是否正常；判断吹灰器电动机推进或退出是否超过 1min；确定哪台吹灰电动机出现异常；处理出现异常后，工作正常的电动机回到原位；判定一对吹灰器完成吹灰，转换到下一对吹灰器。

关键 1：判断吹灰蒸汽温度、压力是否正常，可以采用比较指令。首先对温度传感器和压力变送器传来的信号进行转换；然后用转换后的温度值与可接受范围 250～350℃比较，用转换后的压力值与可接受范围 0.55～0.65MPa 比较位于可接受范围则正常工作，否则发出异常报警，并停止吹灰。

关键 2：判断每台吹灰电动机在推进或退出时是否超过 1min。可以在每台吹灰器电动机推进或退出时，启动 1min 定时器定时，如果定时时间到但没有收到推进或退出到位信号，则判定为超时。使用此方法需要用到 8 个定时器，如果吹灰器较多，则需要更多的定时器。此方法虽然可行，但实现起来比较麻烦。

如果吹灰器电动机推进或退出时，都使用同一个定时器定时，推进或退出到位时复位该定时器，并且只要定时器触点闭合，就说明推进或退出超过了 1min，从而停止吹灰，则程序会简单很多。

关键 3：判断吹灰器电动机出现异常有 2 个依据，一是该电动机有过载报警输入，二是定时器触点闭合。满足以上任何一条，则发出该吹灰器电动机故障报警。

关键 4：当某对吹灰器中的一台电动机出现异常，另一台吹灰器电动机需要执行完本次吹灰动作，回到原位，才停止自动吹灰。当温度或压力出现异常，必须让正在吹灰的电动机完成本次吹灰，回到原位，才停止自动吹灰。

关键 5：在某一对吹灰电动机工作时，只有 2 台电动机反转下降沿信号都到来时，才说明这对吹灰电动机完成了吹灰，结束本次工作，启动下一对吹灰电动机工作。

没必要在每一个扫描周期都去比较吹灰蒸汽的温度和压力，可以每隔 0.2s 比较一次，所以应采用时基中断，通过中断程序来检测吹灰蒸汽的温度和压力，并比较温度和压力是否在正常范围内。为减少 CPU 的工作量，可以采用在上电扫描周期调用子程序来初始化。

定义符号表如图 9-3 所示。

下面将依次介绍主程序、子程序、中断程序。

主程序程序段 1（图 9-4）：在上电第 1 个扫描周期调用子程序 SBR_0，进行初始化。

	符号	地址	注释
1	定时器1	T37	
2	上电	SM0.1	
3	运行	SM0.0	
4	B2故障	Q1.5	
5	B1故障	Q1.4	
6	A2故障	Q1.3	
7	A1故障	Q1.2	
8	B2反转	Q1.1	
9	B2正转	Q1.0	
10	B1反转	Q0.7	
11	B1正转	Q0.6	
12	A2反转	Q0.5	
13	A2正转	Q0.4	
14	A1反转	Q0.3	
15	A1正转	Q0.2	
16	压力异常	Q0.1	
17	温度异常	Q0.0	
18	停止吹灰	M2.0	
19	故障处理	M1.0	
20	B2结束	M0.6	
21	A2结束	M0.5	
22	B1结束	M0.4	
23	A1结束	M0.3	
24	第2对吹灰	M0.2	
25	第1对吹灰	M0.1	
26	复位	I1.5	
27	B2退到位	I1.4	
28	A2退到位	I1.3	
29	B1退到位	I1.2	
30	A1退到位	I1.1	
31	B2进到位	I1.0	
32	A2进到位	I0.7	
33	B1进到位	I0.6	
34	A1进到位	I0.5	
35	B2过载	I0.4	
36	A2过载	I0.3	
37	B1过载	I0.2	
38	A1过载	I0.1	
39	自动吹灰	I0.0	
40	定时时间	600	

图 9-3 符号表

图 9-4 主程序程序段 1

主程序程序段 2（图 9-5）：在按下复位按钮后，复位所有电动机故障报警及定时器 T37。

主程序程序段 3（图 9-6）：在自动吹灰（I0.0）接通的上升沿，复位各吹灰器电动机结束标志，复位停止吹灰标志，做好吹灰准备。

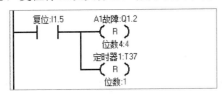

图 9-5 主程序程序段 2

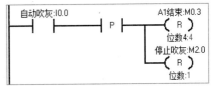

图 9-6 主程序程序段 3

主程序程序段 4（图 9-7）：在没有停止吹灰状态下，启动自动吹灰，第 1 对吹灰（M0.1）接通，直到第 2 对吹灰（M0.2）接通时断开。

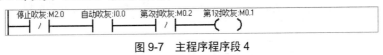

图 9-7 主程序程序段 4

主程序程序段 5（图 9-8）：在第 1 对吹灰接通情况下，A1、BI 吹灰电动机开始正转，推进到位后停止。同时在程序中添加了过载保护和正反转互锁功能。串入吹灰电动机结束标志的常闭触点，是为了防止电动机再次正转。

图 9-8　主程序程序段 5

主程序程序段 6（图 9-9）：在第 1 对吹灰接通的情况下，A1 吹灰器电动机推进到位后开始反转并自保，退出到位后停止；B1 吹灰器电动机推进到位后开始反转并自保，退出到位后停止；添加了过载保护和正反转互锁。本段之所以加入自保设计，是因为电动机反转后，推进到位信号就会消失，所以需要自保。

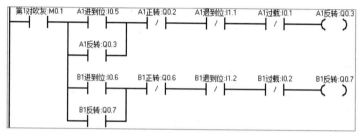

图 9-9　主程序程序段 6

主程序程序段 7（图 9-10）：在第 1 对吹灰有效状态下，当定时 1min 到，而 A1 吹灰器电动机还没有结束或者 A1 吹灰器电动机有过载信号，则置位 A1 故障报警。

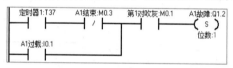

图 9-10　主程序程序段 7

主程序程序段 8（图 9-11）：在第 1 对吹灰有效状态下，当定时 1min 到，而 B1 吹灰器电动机还没有结束或者 B1 吹灰器电动机有过载信号，则置位 B1 故障报警。

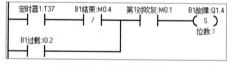

图 9-11　主程序程序段 8

主程序程序段 9（图 9-12）：在第 1 对吹灰有效状态下，A1 吹灰器电动机反转（Q0.3）断开，置位 A1 结束标志；B1 吹灰器电动机反转（Q0.4）断开，置位 B1 结束标志。之所以采用下降沿，是为了保证在电动机反转结束时的一个扫描周期内，置位结束标志，防止电动机在其他情况下，置位结束标志。

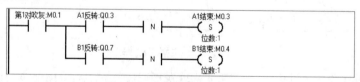

图 9-12　主程序程序段 9

主程序程序段 10（图 9-13）：在第 1 对吹灰有效状态下，A1 和 B1 吹灰器电动机全部吹灰结束时，第 2 对吹灰标志接通，同时利用其常闭触点断开第 1 对吹灰标志（见图 9-8）；当停止吹灰标志（M2.0）有效（即吹灰结束，见图 9-19），断开第 2 对吹灰标志；A1 或 B1 吹灰器电动机出现故障，应结束吹灰。如果不串入 A1 和 B1 吹灰器电动机的故障常闭触点，只要 A1 和 B1 同时结束闭合，将导致第 2 对吹灰电机吹灰标志接通（见图 9-19）。

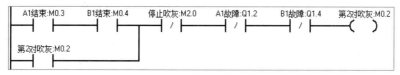

图 9-13　主程序程序段 10

主程序程序段 11（图 9-14）：在第 2 对吹灰有效状态下，A2、B2 吹灰器电动机开始正转，推进到位后停止。当 A2 或 B2 吹灰器电动机过载闭合，则停止 A2 或 B2 吹灰器电动机正转。由于串入 A2 或 B2 吹灰器电动机反转的常闭触点，在 A2 或 B2 吹灰器电动机反转时，A2 或 B2 吹灰器电动机将禁止正转。在结束标志有效情况下为防止再次正转，串入对应电动机结束标志常闭触点。

图 9-14　主程序程序段 11

主程序程序段 12（图 9-15）：在第 2 对吹灰标志有效情况下，A2 吹灰器电动机推进到位后开始反转并自保，退出到位后停止；B2 吹灰器电动机推进到位后开始反转并自保，退出到位后停止；并设有过载保护和正反转互锁（原理同正转）。

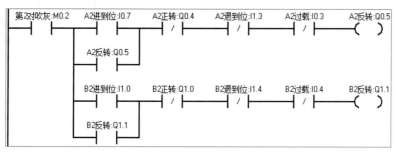

图 9-15　主程序程序段 12

主程序程序段 13（图 9-16）：在第 2 对吹灰有效状态下，当定时 1min 到，而 A2 吹灰器电动机还没有结束或者 A2 吹灰器电动机有过载信号，则置位 A2 故障报警。

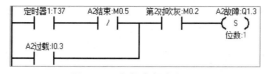

图 9-16　主程序程序段 13

主程序程序段 14：在第 2 对吹灰有效状态下，当定时 1min 到，而 B2 吹灰器电动机还没有结束或者 B2 吹灰器电动机有过载信号，则置位 B2 故障报警。

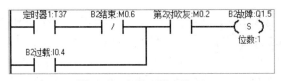

图 9-17　主程序程序段 14

主程序程序段 15（图 9-18）：在第 2 对吹灰有效状态下，A2 吹灰器电动机反转（Q0.5）断开，置位 A2 结束标志；B2 吹灰器电动机反转（Q1.1）断开，置位 B2 结束标志。之所以采用下降沿，是为了保证电动机在反转结束时的一个扫描周期内置位结束标志，否则，在第 2 对吹灰（M0.2）接通时，就会置位结束标志，没有进行第 2 对吹灰就结束了。

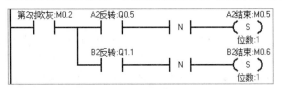

图 9-18　主程序程序段 15

主程序程序段 16（图 9-19）：当 A2 结束和 B2 结束同时接通，则停止吹灰（M2.0）闭合（A2 和 B2 吹灰器电动机都结束吹灰，表示吹灰已经结束）；当故障处理（M1.0）接通，则停止吹灰（M2.0）闭合（异常情况下故障处理完成，停止吹灰）。

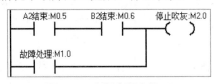

图 9-19　主程序程序段 16

主程序程序段 17（图 9-20）：吹灰器电动机运行，启动 1min 定时。即当 A1、A2、B1、B2 吹灰器电动机正转或反转，启动定时器 T37 定时 1min。

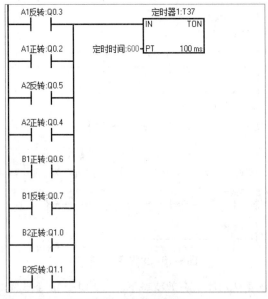

图 9-20　主程序程序段 17

主程序程序段 18(图 9-21)：根据控制要求，每台吹灰器电动机正转或反转的时间超过 1min，即认为该吹灰器异常，需停止吹灰。为了简化程序结构本程序仅采用了 1 个定时器，这样就需要区分出是哪个阶段超时（第 1 对吹灰器电动机正转时超时、第 1 对吹灰器电动机反转时超时、第 2 对吹灰器电动机正转时超时、第 2 对吹灰器电动机反转时超时）。当一个阶段结束，就必须复位定时器 T37，重新启动 1min 定时：当吹灰器电动机 A1 和 B1 同时接通，说明第 1 对吹灰电动机正转阶段已结束，复位定时器 T37；当第 2 对吹灰（M0.2）接通，说明第 1 对吹灰器电动机反转阶段已结束，复位定时器 T37；当吹灰器电动机 A2 和 B2 同时接通（说明第 2 对吹灰器电动机正转阶段已结束），复位定时器 T37。当吹灰器电动机 A2 和 B2 全部反转结束，已经没有吹灰器电动机运行信号见图 9-20，定时器 T37 断开，相当于复位了。

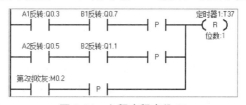

图 9-21　主程序程序段 18

主程序程序段 19（图 9-22）：根据控制要求，只要有吹灰器异常，就要结束吹灰操作，而没有出现异常的吹灰器也要结束本次吹灰操作。为此设置了故障处理（标志）M1.0，当该标志有效，就表明没有出现异常的吹灰器已吹灰结束，可以结束吹灰了。

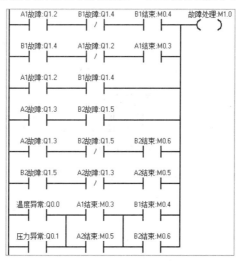

图 9-22　主程序程序段 19

当 A1 故障接通（B1 没有故障），B1 结束，故障处理接通；当 B1 故障接通（A1 没有故障），A1 结束，故障处理接通；当 A1 和 B1 故障同时接通，故障处理接通；当 A2 和 B2 故障同时接通，故障处理接通；当 A2 故障接通（B2 没有故障），B2 结束，故障处理接通；当 B2 故障接通（A2 没有故障），A2 结束，故障处理接通；当温度异常接通，A1 和 B1 都已经结束或 A2 和 B2 都已经结束，故障处理接通；当压力异常接通，A1 和 B1 都已经结束或 A2 和 B2 都已经结束，故障处理接通；

子程序说明如下。

子程序 SBR_0（图 9-23）：将采样时间 200ms 写入定时中断 0 的时间间隔特殊存储器 SMB34，

建立中断 INT_0 与中断事件 10（定时中断 0）的连接，并开中断。

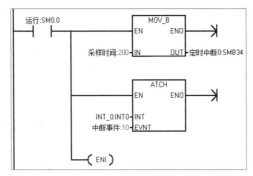

图 9-23　子程序 SBR_0

中断程序说明如下。

中断程序 INT_0 程序段 1（图 9-24）：将温度变送器传来的温度信号转换为双整数存入 VD100；将压力变送器传来的温度信号转换为双整数存入 VD104；计算 4～20mA 信号对应的内码数值差（即用 20mA 对应的内码值减 4mA 对应的内码值），结果存入 VD108。

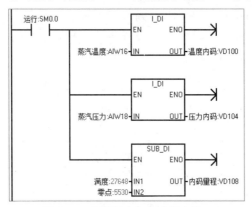

图 9-24　中断程序 INT_0 程序段 1

中断程序 INT_0 程序段 2（图 9-25）：将转换后的双整数温度值减去 4mA 对应的内码值 5530，再乘以温度变送器的量程，结果存入 VD100；将转换后的双整数压力值减去 4mA 对应的内码值 5530，再乘以压力变送器的量程，结果存入 VD104（压力变送器量程为 1MPa，为了便于整数计算，改为 1000kPa）。如果需要精准计算，则需要转换为实数计算，本例只是判断温度和压力是否异常，所以可以采用整数计算。

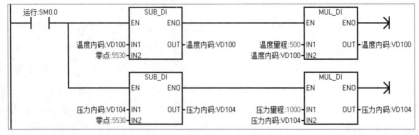

图 9-25　中断程序 INT_0 程序段 2

中断程序 INT_0 程序段 3（图 9-26）：将转换后的温度值除以内码量程，得到实际温度值，结果存入 VD120；将转换后的压力值除以内码量程，得到实际压力值，结果存入 VD124。

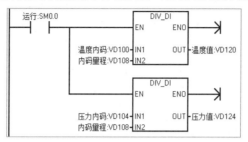

图 9-26　中断程序 INT_0 程序段 3

中断程序 INT_0 程序段 4（图 9-27）：当温度值超过 350℃或低于 250℃，则温度异常报警。

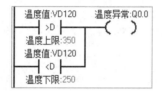

图 9-27　中断程序 INT_0 程序段 4

中断程序 INT_0 程序段 5（图 9-28）：当压力值超过 0.65MPa（650kPa）或低于 0.55MPa（550kPa），则压力异常报警。

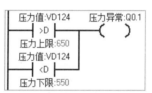

图 9-28　中断程序 INT_0 程序段 5

9.3　系统调试

程序编译通过后，将程序下载到 CPU，单击 ▶ 按钮，运行程序，单击 ▶ 按钮监控状态图表。在本例中，使用图 9-29 所示的 4～20mA 电流模拟温度变送器、压力变送器的输出信号。当图中左侧模拟温度变送器和右侧模拟压力变送器信号的电流分别加至 12mA 时，监控界面如图 9-30 所示。

图 9-29　模拟温度变送器与模拟压力变送器

图 9-30　温度、压力信号采集监控 1

从图 9-30 中可以看出，输入 12mA 时采集到的温度、压力分别为 250℃和 500kPa，与 12mA 对应的温度、压力值一致。当将模拟温度、压力变送器信号的电流源分别加至 8mA 和 16mA 时，监控界面如图 9-31 所示。从图中可以看出，采集到的温度、压力分别为 125℃和 749kPa，而对应的实际值分别为 125℃和 750kPa，仅压力差 1kPa，说明程序能准确检测温度和压力测量值。

图 9-31　温度、压力采集监控 2

单击 按钮监控程序运行，在温度、压力正常情况下，切换到自动吹灰程序，监控界面如图 9-32 所示。从图中可以看出，在温度、压力正常情况下，切换到自动吹灰，第 1 对吹灰状态有效，A1、B1 吹灰器电动机开始正转。

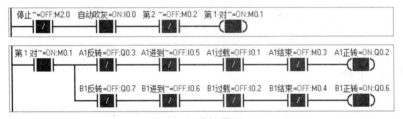

图 9-32　监控界面 1

当 A1 吹灰器电动机进到位，监控界面如图 9-33 所示。从图中可以看出，在 A1 吹灰电动机进到位，A1 吹灰电动机停止正转，开始反转。

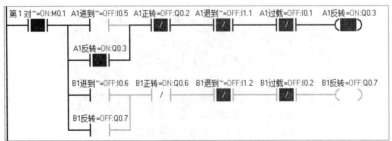

图 9-33　监控界面 2

当 B1 吹灰器电动机进到位，监控界面如图 9-34 所示。从图中可以看出，在 B1 吹灰电动机进到位，B1 吹灰器电动机停止正转，开始反转。

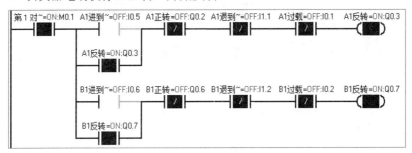

图 9-34 监控界面 3

当 A1、B1 吹灰器电动机全部退到位，监控界面如图 9-35 所示。从图中可以看出，在 A1 和 B1 吹灰电动机全部退到位情况下，A1 结束标志被置位，B1 结束标志被置位；同时第 2 队吹灰状态有效，A2、B2 吹灰电动机开始正转，同第 1 对吹灰器一样，当进到位后，A2、B2 吹灰器电动机开始反转，这里就不再重复了，感兴趣的读者可以依据上述方法自行实验。

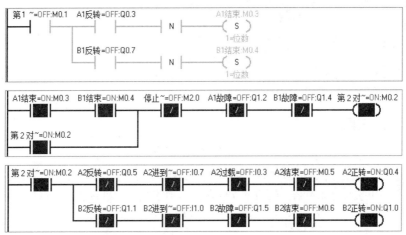

图 9-35 监控界面 4

A2、B2 吹灰器全部退到位后，监控界面如图 9-36 所示。从图中可以看出，此时 A2 结束和 B2 结束同时接通，停止吹灰（M2.0）接通，结束吹灰。

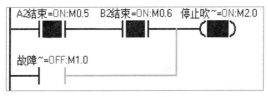

图 9-36 监控界面 5

当在第 1 对吹灰器吹灰状态下，A1 吹灰器电动机过载时，监控界面如图 9-37 所示。从图中可以看出，此时 A1 吹灰器电动机停止运行，A1 电动机故障指示灯亮，由于 B1 吹灰器电动机没有结束吹灰，所以故障处理标志无效，等待 B1 吹灰器电动机结束工作，停止吹灰。

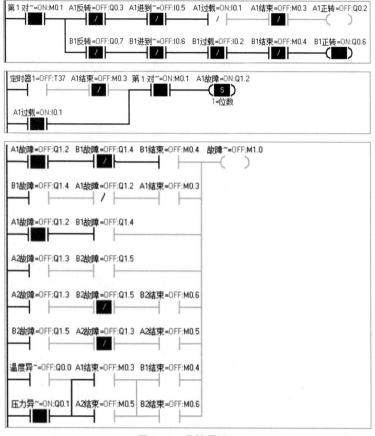

图 9-37　监控界面 6

当 B1 吹灰器电动机结束标志有效，监控界面如图 9-38 所示。从图中可以看出，此时故障处理标志有效，停止吹灰标志有效，结束本次吹灰。其他吹灰电动机过载也可以按上述方式检测。

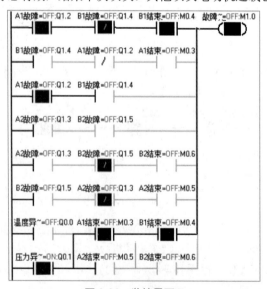

图 9-38　监控界面 7

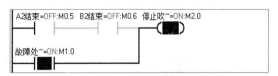

续图 9-38　监控界面 7

　　如果 A1 吹灰器电动机超过 1min 没有到位，监控界面如图 9-39 所示。从图中可以看出，A1 故障指示灯亮，由于此时 B1 吹灰器电动机已经吹灰结束，所以故障处理标志有效，停止吹灰标志有效，结束本次吹灰。但如果此时 B1 吹灰器电动机没有结束吹灰，则故障处理标志无效，需等待 B1 吹灰器电动机结束吹灰，过程同 A1 吹灰器电动机过载。

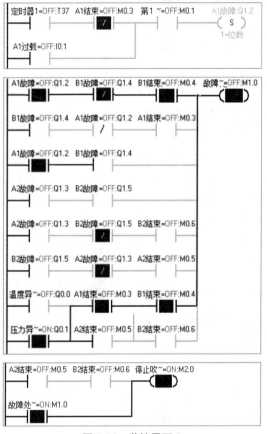

图 9-39　监控界面 8

　　如果压力异常，监控界面如图 9-40 所示。从图中可以看出，压力异常指示灯亮，由于此时吹灰器电动机还没有结束吹灰，所以故障处理标志无效，等待正在运行的电动机返回初始位置。

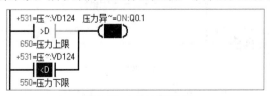

图 9-40　监控界面 9

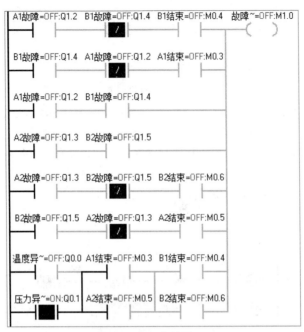

续图 9-40　监控界面 9

当压力异常，而某对吹灰器电动机全部结束吹灰动作时，监控界面如图 9-41 所示。从图中可以看出，此时故障处理标志有效，停止吹灰标志有效，结束本次吹灰。如果是温度异常，则温度异常指示灯亮，程序的处理流程同压力异常。

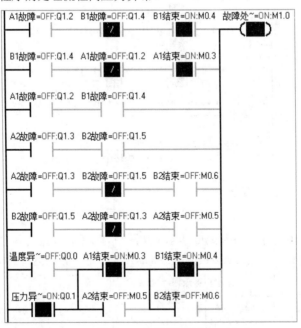

图 9-41　监控界面 10

经过上述测试，可以证明本程序能实现预期的控制要求。

9.4 小结

实际生产中的吹灰程控系统要比本例复杂，但原理和思路基本相似。

编程的关键是判断吹灰蒸汽的温度、压力是否正常；吹灰器电动机推进或退出是否超过 1min；确定是哪台吹灰器电动机出现异常；处理出现异常后，工作正常的电动机回到原位；判定一对吹灰器完成吹灰，然后转换到下一对吹灰器。

| 第 10 章 |

汽轮机危急跳闸系统

汽轮机危急跳闸系统用于监视汽轮机的一些重要参数，当这些参数越限时，会关闭汽轮机的主汽阀和调节阀，使汽轮机组处于安全状态。它是汽轮机组实现电气自动跳闸的唯一设备。它将所有汽轮机跳闸信号进行汇总，然后输出跳闸信号到跳闸电磁阀，跳闸电磁阀将卸掉保安系统的保安油，使汽轮机的主汽阀和调节阀迅速关闭，完成汽轮机跳闸功能。

10.1 控制要求及硬件实现

汽轮机在运行状态下，发生下列情况时，汽轮机危急跳闸系统能自动发出跳闸信号，关闭主汽门和调节阀。

（1）汽轮机超速；

（2）真空降低到设定的跳闸值；

（3）润滑油油压降低到跳闸值；

（4）转子轴向位移达到跳闸值；

（5）胀差达到跳闸值；

（6）发电机保护动作；

（7）汽轮机振动达到跳闸值。

汽轮机危急跳闸系统的具体控制要求如下。

（1）系统设有跳闸状态指示灯、主保护投入开关、主保护投入指示灯、手动跳闸按钮、灯试验按钮和跳闸复位按钮。

（2）对汽轮机超速、真空降低到设定的跳闸值、润滑油油压降低到跳闸值、转子轴向位移达到跳闸值、胀差达到跳闸值、发电机保护动作、汽轮机振动达到跳闸值这7个跳闸信号，分别设有保护投入开关，这些开关与报警信号相串联接入PLC。

（3）当按下灯试验按钮，所有跳闸状态指示灯亮，松开按钮则指示灯熄灭。

（4）当按下手动跳闸按钮，则PLC输出跳闸信号并自保，直到用户按下跳闸复位按钮。

（5）当主保护投入开关闭合，主保护投入指示灯亮。汽轮机超速、真空降低到设定的跳闸值、润滑油油压降低到跳闸值、转子轴向位移达到跳闸值、胀差达到跳闸值、发电机保护动作、汽轮机振动达到跳闸值这7个信号中的任何一个信号，PLC只要接收到，就输出跳闸信号并自保，直到按下跳闸复位按钮。

（6）系统要具有跳闸信号自保和首个跳闸信号记忆功能，即所有跳闸信号一旦有效，直到按下跳闸复位按钮之前，一直保持有效，不管该跳闸信号是否已消失；而引起汽轮机跳闸的第

一个跳闸信号将被记忆,具体要求是,首跳闸信号状态指示灯闪烁,其他跳闸状态指示灯常亮
(如果有信号输入的话)。当按下跳闸复位按钮,首跳闸信号状态指示灯常亮,其他跳闸状态指
示灯熄灭。当首跳闸信号消失,才熄灭该状态指示灯。

根据控制要求,PLC 需要有 11 个开关量输入,9 个开关量输出。其 I/O 地址分配如表 10-1
所示。

表 10-1 汽轮机危急跳闸系统地址分配表

输 入				输 出		
序 号	名 称	代 号	地 址	序 号	名 称	代 号	地 址
1	主保护投入开关	LA	I0.0	1	主保护投入指示灯	KA1	Q0.0
2	灯试验按钮	SA1	I0.1	2	跳闸指示灯	KA2	Q0.1
3	手动跳闸按钮	SA2	I0.2	3	超速跳闸指示灯	KA3	Q0.2
4	跳闸复位按钮	SA3	I0.3	4	真空低跳闸指示灯	KA4	Q0.3
5	超速跳闸	CS	I0.4	5	油压低跳闸指示灯	KA5	Q0.4
6	真空低跳闸	ZK	I0.5	6	轴向位移大跳闸指示灯	KA6	Q0.5
7	油压低跳闸	YY	I0.6	7	胀差大跳闸指示灯	KA7	Q0.6
8	轴向位移大跳闸	ZW	I0.7	8	发电机保护跳闸指示灯	KA8	Q0.7
9	胀差大跳闸	ZC	I1.0	9	振动大跳闸指示灯	KA9	Q1.0
10	发电机保护跳闸	FT	I1.1				
11	振动大跳闸	ZD	I1.2				

根据地址分配表,可以选择西门子 S7-200 SMART SR30,接线原理图如图 10-1 所示。

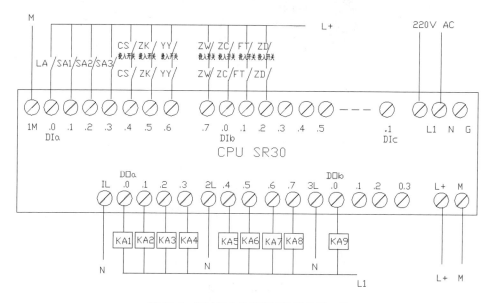

图 10-1 汽轮机危急跳闸系统接线原理图

10.2　编写控制程序

根据对上述控制要求的分析，本程序编写的关键是对首跳闸信号的记忆和指示灯的状态控制。

实现首跳闸信号记忆的编程关键是，首先要对每个跳闸信号设置首跳闸标志位（M0.4～M0.7，M1.1，M1.2）；其次是每个首跳闸信号置位的条件是其他首跳闸信号未接通，最后是必须采用沿脉冲置位，来保证只在首跳闸信号满足条件的一个扫描周期内置位，防止在该信号接通状态下，按下跳闸复位按钮后无法对其复位。

实现指示灯状态控制的编程关键是，某个首跳闸信号标志位一旦接通，相应的首跳闸指示灯要闪烁（可以通过串入特殊继电器秒脉冲实现）；按下跳闸复位按钮后，该指示灯常亮，直到跳闸信号消失。

定义符号表如图 10-2 所示。

		符号	地址	注释
1		闪亮	SM0.5	
2		振动灯	Q1.0	
3		发电机动作灯	Q0.7	
4		胀差灯	Q0.6	
5		轴向位移灯	Q0.5	
6		油压灯	Q0.4	
7		真空灯	Q0.3	
8		超速灯	Q0.2	
9		跳闸	Q0.1	
10		主保护灯	Q0.0	
11		振动自保	M3.2	
12		发电机自保	M3.1	
13		胀差自保	M3.0	
14		轴向位移自保	M2.7	
15		油压自保	M2.6	
16		真空自保	M2.5	
17		超速自保	M2.4	
18		振动常亮	M2.2	
19		发电机常亮	M2.1	
20		胀差常亮	M2.0	
21		轴向位移常亮	M1.7	
22		油压常亮	M1.6	
23		真空常亮	M1.5	
24		超速常亮	M1.4	
25		振动首跳闸	M1.2	
26		发电机首跳闸	M1.1	
27		胀差首跳闸	M1.0	
28		轴向位移首跳闸	M0.7	
29		油压首跳闸	M0.6	
30		真空首跳闸	M0.5	
31		超速首跳闸	M0.4	
32		常亮	M0.0	
33		振动大	I1.2	
34		发电机保护	I1.1	
35		胀差大	I1.0	
36		轴向位移大	I0.7	
37		油压低	I0.6	
38		真空低	I0.5	
39		超速	I0.4	
40		跳闸置位	I0.3	
41		手动跳闸	I0.2	
42		灯试验	I0.1	
43		主保护投入	I0.0	
44		位数7	7	
45		位数	1	

图 10-2　符号表

下面按照程序段介绍整个程序。

程序段 1（图 10-3）：主保护投入开关闭合（I0.0=1），主保护灯亮。

程序段 2（图 10-4）：当超速跳闸信号保护投入开关闭合且超速跳闸信号闭合（I0.4=1），则超速自保（辅助继电器 M2.4）闭合，记下该跳闸信号并自保，当按下跳闸复位按钮，如果超速跳闸信号消失，则断开超速自保（M2.4=0），取消超速跳闸记忆。

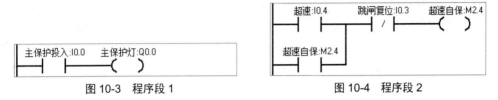

图 10-3　程序段 1　　　　　　　　图 10-4　程序段 2

程序段 3～5（图 10-5）：功能与程序段 2 类似，分别实现：真空低跳闸信号采用真空自保 M2.5 记下该跳闸信号并自保，直到按下跳闸复位按钮；油压低跳闸信号采用油压自保 M2.6 记下该跳闸信号并自保，直到按下跳闸复位按钮；轴向位移大跳闸信号采用轴向位移自保 M2.7 记下该跳闸信号并自保，直到按下跳闸复位按钮。

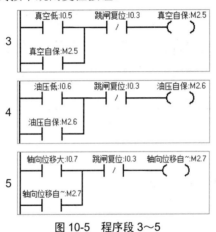

图 10-5　程序段 3～5

程序段 6～8（图 10-6）：功能类似程序段 2，分别实现：胀差大跳闸信号采用胀差自保 M3.0 记下该跳闸信号并自保，直到按下跳闸复位按钮；发电机保护跳闸信号采用发电机自保 M3.1 记下该跳闸信号并自保，直到按下跳闸复位按钮；振动大跳闸信号采用振动自保 M3.2 记下该跳闸信号并自保，直到按下跳闸复位按钮。

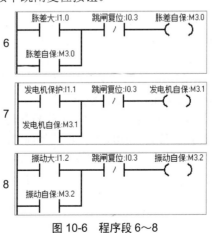

图 10-6　程序段 6～8

程序段 9（图 10-7）：实现首跳闸信号的置位控制。在主保护投入的情况下，在超速跳闸信号接通的上升沿，如果没有收到其他首跳闸信号，则置位超速首跳闸标志；一旦有跳闸信号被置位为首跳闸标志，则利用其常闭触点禁止其他跳闸信号被置位为首跳闸标志（第一行）；在主保护投入的情况下，在真空低跳闸信号接通的上升沿，如果还没有其他首跳闸信号，则置位真空低首跳闸标志；一旦有跳闸信号被置位为首跳闸标志，则利用其常闭触点禁止其他跳闸信号被置位为首跳闸标志（第二行）；其他行原理同上；之所以采用上升沿，是防止按下跳闸复位按钮，首跳闸信号被重新置位，也就是说只有在跳闸信号出现的第一个扫描周期，才可能被置位。

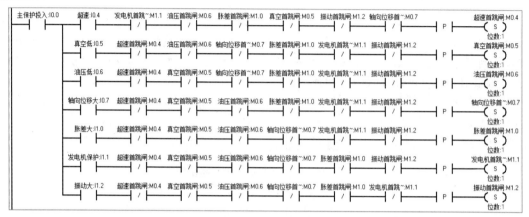

图 10-7　程序段 9

程序段 10（图 10-8）：实现当按下跳闸复位按钮，跳闸复位（I0.3）接通，则连续复位 7 个首跳闸标志（M0.4～M0.7，M1.1，M1.2）。

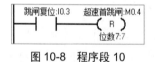

图 10-8　程序段 10

程序段 11（图 10-9）：当主保护处于投入位置时，对于超速跳闸、真空低跳闸、油压低跳闸、轴向位移大跳闸、胀差大跳闸、发电机保护动作跳闸、振动大跳闸中有任何一个自保的跳闸信号接通，系统将输出跳闸信号，实现关闭主汽门和调节阀，停止汽轮机运行。之所以采用自保的跳闸信号，是为了保证即使在跳闸信号消失后，也不允许启动汽轮机，只有在分析出事故原因且具备启动条件，再按下跳闸复位按钮后，才允许启动汽轮机。当按下手动跳闸按钮，手动跳闸（I0.2）接通，系统输出跳闸信号，关闭主汽门和调节阀，停止汽轮机运行。手动跳闸按钮不受主保护开关是否投入的限制，是为了保证在任何时候，只要运行人员认为有必要停止汽轮机运行，就可以按下手动跳闸按钮，停止汽轮机运行。

程序段 12（图 10-10）：当超速首跳闸（M0.4）下降沿有效（说明超速首跳闸被复位），置位超速常亮（M1.4），同时置位常亮（M0.0）；目的是用超速常亮（M1.4）在超速首跳闸被复位后，使超速跳闸指示灯常亮，而常亮（M0.0）去熄灭其他跳闸状态指示灯。之所以采用下降沿，是保证在首跳闸信号被复位的一个扫描周期内复位，否则只要不是首跳闸信号就一直复位。

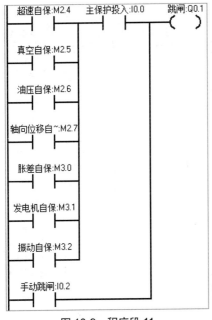

图 10-9 程序段 11

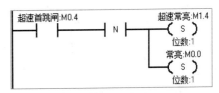

图 10-10 程序段 12

程序段 13（图 10-11）：当真空首跳闸（M0.5）下降沿有效，置位真空常亮（M1.5），同时置位常亮（M0.0）。

程序段 14（图 10-12）：当油压首跳闸（M0.6）下降沿有效，置位油压常亮（M1.6），同时置位常亮（M0.0）。

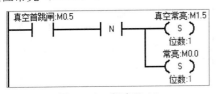

图 10-11 程序段 13

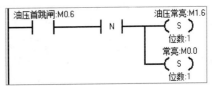

图 10-12 程序段 14

程序段 15（图 10-13）：当轴向位移首跳闸（M0.7）下降沿有效，置位轴向位移常亮（M1.7），同时置位常亮（M0.0）。

程序段 16（图 10-14）：当胀差首跳闸（M1.0）下降沿有效，置位胀差常亮（M2.0），同时置位常亮（M0.0）。

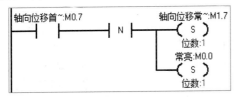

图 10-13 程序段 15

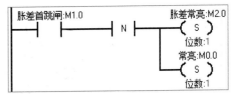

图 10-14 程序段 16

程序段 17（图 10-15）：当发电机首跳闸（M1.1）下降沿有效，置位发电动机常亮（M2.1），同时置位常亮（M0.0）。

程序段 18（图 10-16）：当振动首跳闸（M1.2）下降沿有效，置位振动常亮（M2.2），同时置位常亮（M0.0）。

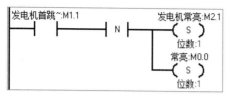

图 10-15　程序段 17

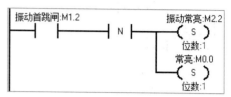

图 10-16　程序段 18

程序段 19（图 10-17）：在超速首跳闸被复位后，超速常亮（M1.4）接通。一旦超速跳闸信号消失，则复位超速常亮（M1.4）和常亮（M0.0），目的是熄灭超速跳闸状态指示灯。

程序段 20（图 10-18）：在真空首跳闸被复位后，真空常亮（M1.5）接通。一旦真空低跳闸信号消失，则复位真空常亮（M1.5）和常亮（M0.0）。

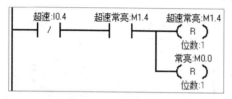

图 10-17　程序段 19

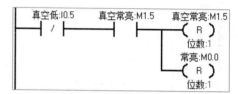

图 10-18　程序段 20

程序段 21（图 10-19）：在油压首跳闸被复位后，油压常亮（M1.6）接通。一旦油压低跳闸信号消失，则复位油压常亮（M1.6）和常亮（M0.0）。

程序段 22（图 10-20）：在轴向位移首跳闸被复位后，轴向位移常亮（M1.7）接通。一旦轴向位移大跳闸信号消失，则复位轴向位移常亮（M1.7）和常亮（M0.0）。

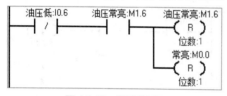

图 10-19　程序段 21

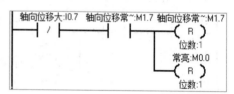

图 10-20　程序段 22

程序段 23（图 10-21）：在胀差首跳闸被复位后，胀差常亮（M2.0）接通。一旦胀差大跳闸信号消失，则复位胀差常亮（M2.0）和常亮（M0.0）。

程序段 24（图 10-22）：在发电机首跳闸被复位后，发电机常亮（M2.1）接通。一旦发电机保护跳闸信号消失，则复位发电机常亮（M2.1）和常亮（M0.0）。

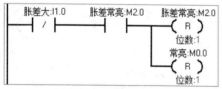

图 10-21　程序段 23

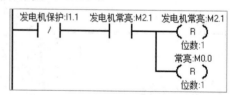

图 10-22　程序段 24

程序段 25（图 10-23）：在振动首跳闸被复位后，振动常亮（M2.2）接通。一旦振动大跳闸信号消失，则复位振动常亮（M2.2）和常亮（M0.0）。

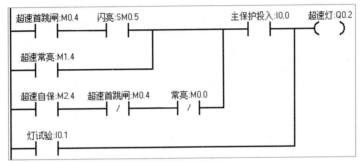

图 10-23　程序段 25

程序段 26（图 10-24）：在主保护投入的情况下，如果超速首跳闸（M0.4）接通，则超速跳闸状态指示灯将每秒闪烁 1 次；当按下跳闸复位按钮（I0.3）时，超速首跳闸信号被复位，超速常亮（M1.4）接通，超速跳闸状态指示灯将常亮，直到超速跳闸信号消失，超速常亮（M1.4）断开；如果超速首跳闸（M0.4）断开（即超速跳闸不是首跳闸），当超速自保（M2.4）接通，则超速跳闸状态指示灯将常亮，直到按下跳闸复位按钮，常亮（M0.0）接通，熄灭该指示灯；无论是否投入主保护，当按下灯试验按钮，超速跳闸状态指示灯亮，松开后熄灭。

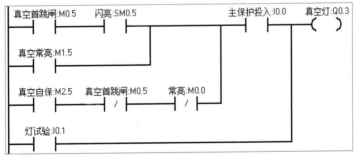

图 10-24　程序段 26

程序段 27（图 10-25）：在主保护投入的情况下，如果真空首跳闸（M0.5）接通，则气压跳闸状态指示灯将每秒闪烁 1 次；被复位后真空常亮（M1.5）接通，真空跳闸状态指示灯将常亮，直到真空低跳闸信号消失；如果真空首跳闸（M0.5）断开，当真空自保（M2.5）接通，则真空跳闸状态指示灯将常亮，直到按下跳闸复位按钮；无论是否投入主保护，按下灯试验按钮，真空跳闸状态指示灯亮，松开后熄灭。

图 10-25　程序段 27

程序段 28（图 10-26）：在主保护投入情况下，如果油压首跳闸（M0.6）接通，则油压跳闸状态指示灯将每秒闪烁 1 次；被复位后油压常亮（M1.6）接通，油压跳闸状态指示灯将常亮，直到油压低跳闸信号消失；如果油压首跳闸（M0.6）断开，当油压自保（M2.6）接通，则油压跳闸状态指示灯将常亮，直到按下跳闸复位按钮；无论是否投入主保护，当按下灯试验按钮，则油压跳闸状态指示灯亮，松开后熄灭。

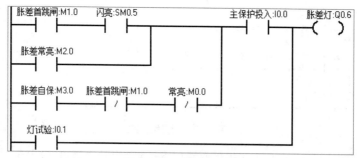

图 10-26　程序段 28

程序段 29（图 10-27）：在主保护投入的情况下，如果轴向位移首跳闸（M0.7）接通，则轴向位移跳闸状态指示灯将每秒闪烁 1 次；被复位后轴向位移常亮（M1.7）接通，轴向位移跳闸状态指示灯将常亮，直到轴向位移大跳闸信号消失；如果轴向位移首跳闸（M0.7）断开，当轴向位移自保（M2.7）接通，则轴向位移跳闸状态指示灯将常亮，直到按下跳闸复位按钮；无论是否投入主保护，当按下灯试验按钮，该指示灯亮，松开后熄灭。

图 10-27　程序段 29

程序段 30（图 10-28）：在主保护投入情况下，如果胀差首跳闸（M1.0）接通，则胀差跳闸状态指示灯将每秒闪烁 1 次；被复位后胀差常亮（M2.0）接通，胀差跳闸状态指示灯将常亮，直到胀差大跳闸信号消失；如果胀差首跳闸（M1.0）断开，当胀差自保（M3.0）接通，则胀差跳闸状态指示灯将常亮，直到按下跳闸复位按钮；无论是否投入主保护，当按下灯试验按钮，则胀差跳闸状态指示灯亮，松开后熄灭。

图 10-28　程序段 30

程序段 31（图 10-29）：在主保护投入情况下，如果发电动机首跳闸（M1.1）接通，则发电机跳闸状态指示灯将每秒闪烁 1 次；被复位后发电机常亮（M2.1）接通，发电机跳闸状态指示灯将常亮，直到发电机动作跳闸信号消失；如果发电机首跳闸（M1.1）断开，当发电机自保

（M3.1）接通，则发电机跳闸状态指示灯将常亮，直到按下跳闸复位按钮；无论是否投入主保护，当按下灯试验按钮，则发电机跳闸状态指示灯亮，松开后熄灭。

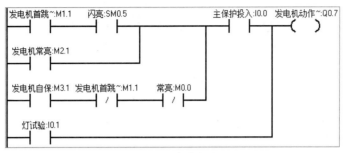

图 10-29　程序段 31

程序段 32（图 10-30）：在主保护投入情况下，如果振动首跳闸（M1.2）接通，则振动跳闸状态指示灯将每秒闪烁 1 次；被复位后振动常亮（M2.2）接通，振动跳闸状态指示灯将常亮，直到振动大跳闸信号消失；如果振动首跳闸（M1.2）断开，当振动自保（M3.2）接通，则振动跳闸状态指示灯将常亮，直到按下跳闸复位按钮；无论是否投入主保护，当按下灯试验按钮，则振动跳闸状态指示灯亮，松开后熄灭。

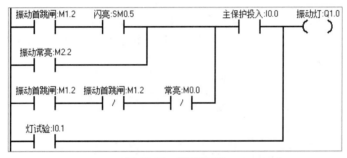

图 10-30　程序段 32

10.3　系统调试

程序编译通过后，将程序下载到 CPU，单击 ▶ 按钮，运行程序，单击 ▶ 按钮监控状态图表。当按下灯试验按钮，状态图表如图 10-31 所示。从图中可以看出，当按下灯试验按钮，所有跳闸状态指示灯亮。

	地址 ▼	格式	当前值
1	振动灯:Q1.0	位	2#1
2	轴向位移灯:Q0.5	位	2#1
3	真空灯:Q0.3	位	2#1
4	胀差灯:Q0.6	位	2#1
5	油压灯:Q0.4	位	2#1
6	发电机动作灯:Q0.7	位	2#1
7	超速灯:Q0.2	位	2#1

图 10-31　状态图表 1

松开灯试验按钮，接通主保护投入开关，状态图表如图 10-32 所示。从图中可以看出，当松开灯试验按钮，所有跳闸状态指示灯熄灭，接通主保护投入开关，主保护投入指示灯亮。

图 10-32　状态图表 2

当超速跳闸信号有效，状态图表如图 10-33 所示。从图中可以看出，当超速跳闸信号有效，超速首跳闸标志被置位，超速自保标志被置位，超速跳闸状态指示灯闪亮，跳闸输出信号有效。

图 10-33　状态图表 3

此时闭合真空低跳闸信号，状态图表如图 10-34 所示。从图中可以看出，在超速首跳闸标志有效情况下，闭合真空低跳闸信号，真空低首跳闸标志不会被置位，但该跳闸信号被自保，真空低跳闸状态指示灯常亮。

图 10-34　状态图表 4

如果此时按下跳闸复位按钮，状态图表如图 10-35 所示。从图中可以看出，按下跳闸复位按钮后，跳闸输出信号仍然有效，真空跳闸状态指示灯熄灭，超速常亮标志位被置位，超速跳闸状态指示灯常亮，各跳闸信号仍然被自保（因为跳闸信号没有消失）。

图 10-35　状态图表 5

　　如果此时所有跳闸消失，状态图表如图 10-36 所示。从图中可以看出，跳闸信号消失后，跳闸输出信号仍然有效，真空跳闸状态指示灯常亮，超速常亮标志位被复位，超速跳闸状态指示灯常亮，各跳闸信号仍然被自保（因为跳闸信号没有消失），表示还有 2 个跳闸信号没有被复位，不允许启动汽轮机。

	地址 ▽	格式	当前值
1	真空首跳闸:M0.5	位	2#0
2	真空常亮:M1.5	位	2#0
3	跳闸:Q0.1	位	2#1
4	超速自保:M2.4	位	2#1
5	超速常亮:M1.4	位	2#0
6	超速首跳闸:M0.4	位	2#1
7	超速灯:Q0.2	位	2#1
8	主保护灯:Q0.0	位	2#1
9	真空自保:M2.5	位	2#1
10	真空灯:Q0.3	位	2#1

图 10-36　状态图表 6

　　如果此时按下跳闸复位按钮，则状态图表如图 10-37 所示。

	地址 ▽	格式	当前值
1	真空首跳闸:M0.5	位	2#0
2	真空常亮:M1.5	位	2#0
3	跳闸:Q0.1	位	2#0
4	超速自保:M2.4	位	2#0
5	超速常亮:M1.4	位	2#0
6	超速首跳闸:M0.4	位	2#0
7	超速灯:Q0.2	位	2#0
8	主保护灯:Q0.0	位	2#1
9	真空自保:M2.5	位	2#0
10	真空灯:Q0.3	位	2#0

图 10-37　状态图表 7

　　从图 10-37 中可以看出，当跳闸信号全部消失，按下跳闸复位按钮，跳闸输出信号被停止，所有跳闸状态指示灯熄灭，所有跳闸自保信号被复位，回到初始状态，可以重新启动汽轮机了。

　　如果出现其他跳闸信号，工作状态变化同上，读者可以自己去试验。

10.4　小结

　　汽轮机危急跳闸系统是汽轮机组实现电气自动跳闸的唯一设备。一旦出现危及汽轮机安全运行的信号，必须马上关闭汽轮机的主汽阀和调节阀，使汽轮机组处于安全状态。

　　编程的关键在于 PLC 一旦接收到跳闸信号，必须保证输出跳闸信号到跳闸电磁阀。为分析汽轮机跳闸原因，必须能够找到第一个出现的跳闸信号（因为一旦汽轮机跳闸，汽轮机的所有状态都可能会不正常）。有时当某个跳闸信号处于检修或故障状态，为不影响汽轮机运行，要切除该跳闸信号对汽轮机的保护，所以每一个跳闸信号都要有投入/切除保护开关。

　　PLC 一旦出现故障，将直接影响汽轮机的安全运行，所以目前汽轮机危急跳闸系统都采用 2 套完全一样 PLC 系统，互相备用。一旦某套 PLC 系统出现故障，会自动切换到另一套 PLC 系统，以保证汽轮机安全运行。

参考文献

[1] SIMATIC S7-200 SMART 系统手册，2017.

[2] 韩相争. 西门子 S7-200 SMART PLC 编程技巧与案例[M]. 北京：化学工业出版社，2017.

[3] 崔继仁，张会清，姜永成，等. 电气控制与 PLC 应用[M]. 北京：中国建材工业出版社，2016.